多旋翼飞行器

设计与应用延伸

徐茂　唐义号　刘文琦　陈国军　熊折　编著

U0158896

Multirotor

Design and application extension

机械工业出版社

CHINA MACHINE PRESS

本书以多旋翼飞行器为载体，全方位系统地阐述了产品设计应考虑的因素。其中，"市场之需"分析了细分市场发展的行业空间及趋势，以及当前发展受限的瓶颈；"科技之真"概述了多旋翼飞行器设计的总体技术、部件技术和系统技术；"人文之善"论述了人文关怀与科技的结合在具体多旋翼产品设计中的应用；"艺术之美"阐述了多旋翼飞行器关于造型美学、交互美学和色彩美学等设计内容；"商业之作"阐述了多旋翼飞行器进入市场发展服务于社会经济相关的技术产品化、产品商业化和商品产业化内容。

图书在版编目（CIP）数据

多旋翼飞行器设计与应用延伸／徐茂等编著. —北京：
机械工业出版社，2021.12
ISBN 978－7－111－69812－8

Ⅰ.①多…　Ⅱ.①徐…　Ⅲ.①无人驾驶飞行器－设计　Ⅳ.①V47

中国版本图书馆 CIP 数据核字（2021）第 251233 号

机械工业出版社（北京市百万庄大街 22 号　邮政编码 100037）
策划编辑：韩伟喆　　　责任编辑：赵　屹　韩伟喆
责任校对：张晓蓉　　　责任印制：单爱军
北京新华印刷有限公司印刷

2022 年 2 月第 1 版·第 1 次印刷
169mm×239mm·10.25 印张·152 千字
标准书号：ISBN 978－7－111－69812－8
定价：79.00 元

电话服务　　　　　　　　　　网络服务
客服电话：010－88361066　　机　工　官　网：www.cmpbook.com
　　　　　010－88379833　　机　工　官　博：weibo.com/cmp1952
　　　　　010－68326294　　金　书　网：www.golden-book.com
封底无防伪标均为盗版　　机工教育服务网：www.cmpedu.com

序

多年前，在做一个比赛方案时，夜深人静，笔者脑袋里突然萌生一个想法。产品设计，或许不应只关注核心科技，还应有更为广泛的涉及。笔者认为，一款成功的产品，应系统包含"市场之需""科技之真""人文之善""艺术之美""商业之作"等五个方面设计内容。当然，这也并非笔者的首创提出，很大程度上参考了浙江大学应放天教授所讲授的产品设计理念。至于为什么会产生这样的思考，在笔者自己看来，可能出于以下两个方面原因。

其一，笔者的产品设计经历。在互联网的创新浪潮中，笔者有幸参与了流沙湾（流沙一指红尘，年华一段青春）和 Pripage（word is world）网站的设计，也有幸参与了柳念（留下一段真情）和贝扣（shell is share）纪念品的策划，甚至还有幸参与了 Airdancer 飞行汽车和 NewFO 概念飞行器的设计。虽然它们曾给笔者赢得了一些赞许，但是随后在风尘中飘落得悄无声息。这些自下而上的创新，忽略了设计的起始方位，只是放开了想象的感性发挥。

其二，企业发展的技术困境。知名财经作家吴晓波在《大败局》中指出，成功的企业各有不同，失败的企业都差不多。笔者曾有幸与很多企业对接，令人惊讶的是，尽管很多企业的技术在业内已经达到非常领先的位置，但是其产品在市场上的扩张仍然举步维艰。毫无疑问，追求技术领先是企业的必然使命，但是领先的技术是否一定能够创造很大的商业价值，这倒也未必。空客 A380 客机的无奈停产事件，曾引发了很多企业对新研产品上市商业成功的探索思考。

一直想对这种设计理念做一个详尽的论述，但总以没有找到合适的载体而搪塞自己。即便有段时间认为多旋翼飞行器是一个不错的载体，也常以工作忙、挑战难等理由战略性搁置。直到有一天带女儿去接种疫苗，是她的勇敢唤醒了我内心那种说到就做到的勇气。在妇幼保健院疫苗接种室排队时，她拉着我的手说："爸爸，我长大了，等下打针我不会哭……"当时，我不以为意，一笑撇过。然而，当真的排到她时，在打针的刹那间，她除了嘴角轻咧忍耐之外，几乎没有表现出一丝害怕与恐惧。

那时，我非常感慨，一个不到 4 周岁的小女孩，都有说到就做到的勇气，那我还有什么理由推托曾经的许诺呢？更何况为人父，如果连自己说过的话、许过的愿都没有勇敢尝试过，那将来怎么叫她去勇敢追求这个或那个愿望呢？

有幸参与电动垂直起降飞行器（eVTOL）的研究论证工作，笔者带着学习的态度系统地查阅了多旋翼构型的发展历程，深入研读了多旋翼技术的底层资料，并广泛涉猎了产品人文、艺术和商业方面的设计知识。源于最初的愿望，带着被小孩唤醒的那种说到就做到的勇敢，笔者将这些文件资料以"市场之需""科技之真""人文之善""艺术之美""商业之作"的章节形式汇编成册。

希望这些内容也能给笔者自己带来启发，在后续的产品设计工作中，做到宏观上知其方位，微观上晓其方法，以免再做出只见树木、不见森林的愚见。在此，非常感谢徐玉貌研究员、文丽辉女士和黄波同事，他们为本书提出了十分宝贵的意见。此外，本书能够顺利完成，还得到了王世杰部长、黄辉泉书记、罗亮专家、邹亚鹏主任和崔甲子主任等的大力支持。最后，虽然笔者非常用心，认真打磨每一处细节，但是限于笔者能力水平，文中错误或不当之处仍难以避免，还请各位专家读者批评斧正。若得反馈，笔者将不胜感激！

徐茂

前言

比大海更广阔的是天空

天空，它是人们随眼所见的仰望，看似随处可见，实际又远而难及。它飘在远方视野里，散发出清幽神秘的气息，给人以无穷无尽的好奇。从古至今，人们从未停止过探索天空的努力。古有女娲补天、夸父追日、嫦娥奔月的传说，现有莱特兄弟飞行、阿姆斯特朗登月的佳话。

天空，它虽然不苟言笑，但这并不妨碍它的魅力，吸引着人类的聪颖智慧不断地创造科技奇迹。飞行器，它是人类发明逃逸地球引力的工具。人类自从发明了它，天空就开始不再遥不可及，机票一张便可飞上云端，火箭一发，即使火星也能达到。

天空，它为飞行器提供了广阔的发展空间；飞行器，它为探索天空提供了有力的工具。它们相辅相成，不断地激发着人类的勇敢和好奇，为科技创新演绎精彩的前赴后继。

天空是指日月星辰罗列的广大空间。具体来讲，天是指距地球表面100km以外的空域，空是指距地球表面20km以内的空域。其中，距地球表面20~100km的空域，它是空、天之间的过渡区，称之为临近空间。

在中国古代，传说天空是由盘古开天辟地而来。而西方科学认为，天空是由宇宙大爆炸而形成的。虽然人类目前还无法证实天空的源来，但这并不妨碍它被人类探索认识。据探究发现，天空中存在稀薄的空气，星际中浮游着各种行星。得益于人类的创新努力，天空开始漂浮起各类人造飞行器。

在"天"的领域里，不乏卫星、空间站和空间探测器等航天器。在"空"的世界里，活跃着多旋翼、直升机、战斗机等航空器。"空"是离我们最近的领域，也是与我们生活息息相关的领域。

飞行器，它集成了科技的精华，是人类最高智慧的结晶。天空，自从有了飞行器，就开始充满了生机活力，它们不时地闪耀吸引着人类的智慧，而倘若没有它们的点缀，浩瀚的苍穹几乎一片空虚。

毫无疑问，研制飞行器的人类智慧值得赞誉和鼓励，然而如果他们的才华施展空间受限，旺盛的生命力很有可能酿成悲剧。历史看来，当古代人的视野局限在中原角逐，战争演变了各个朝代的更替；当近代人的视野局限在海洋扩张，殖民淹没了各国文化的善良。

尽管许多学者认为战争是种族矛盾文化冲突的结果，可是谁又真正从人类发展空间的视角审视思考过呢？偌大的中原，显然难以羁绊各路诸侯的驰骋；而宽阔的海洋，当然也无法阻挡强国勇士的蛮横。巧合的是，当美苏争霸延伸至太空时，虽然对峙纷争几乎冷至冰点，但是战争也还是没有爆发。显然，在浩瀚的星河里，无尽的空间可以容纳人类所有的愚蠢、傲慢和偏见。

空间是人类活动范围的延伸。加拿大思想家麦克卢汉认为，飞机汽车是人的双脚延伸，工业机器是人的双手延伸，书面媒介是人的视觉延伸，音乐广播是人的听觉延伸。工业革命时期，人类本能的技术革命就是人类器官的外化延伸。这些延伸为社会创造了充裕的物质财富，然而随着个人的能力不断扩大，人类活动的空间开始大幅交叉，矛盾冲突也自然随机地爆发。

比如，街头巷尾的吵闹事件，媒体报道的汽车碰撞，国家隔空的对峙喊话。虽然人类对这些事件早已司空见惯，但是真要降临在自己头上，人们仍然难以逃避，只能被动接受倒霉。为了舒缓物理空间的交叉冲突，人类被迫起草法律来约束人们的行为，甚至虚拟广阔的胸怀以宽容别人的过失，诚如法国作家雨果所说，比天空更宽阔的是人的胸怀。

近年来，世界各国都在推进城市化进程和互联网发展，使得人们弱化了人类本能的物理外化延伸。城市的高楼大厦，它创造了有形的物理空间；互联网的各类应用，它创造了无形的虚拟空间。在这些创造的空间里，人与资源的对接效率得到大幅提升，使得人们的物质欲望和精神需求得到充分的满足，暂时忘却了本能的物理外化延伸方向。

然而，随着城市化进程逐步放缓，互联网发展趋于成熟，这些空间产生的边际效益将逐年递减。人类的文化教育程度又在逐年提高，面对这些富余的聪明才智，或许只有新的处女地才能释放出他们充裕的想象。诗人雨果曾说："世界上最宽阔的是海洋，比海洋更宽阔的是天空，比天空更宽阔的是人的胸怀。"天空，它仍是人类本能发展的空间延伸方向，那里还有我们许多未完成的梦想，其中多旋翼飞行器便是我们当前研究最热的一个小小愿望。

这个愿望最终投射到这本《多旋翼飞行器设计与应用延伸》书中。本书适合多旋翼飞行器或航空飞行器爱好者阅读，既可以从中了解多旋翼的发展历史，也可以学习到多旋翼设计各方面的基础知识。当然，它也适合多旋翼飞行器设计人员使用，既可以宏观了解自己多旋翼产品设计所在方位，也可以当作工具书查阅其中经验参数并把握关键技术方向。

目录

第一章

市场之需

多旋翼飞行器设计
与应用延伸

马克思提出，人类需求是社会发展的原动力。从古到今，人类几乎所有的社会实践都紧紧围绕着人类需求而展开。面对十几亿人的温饱需求，袁隆平院士培育了杂交水稻；面对偌大国家的安全防卫需求，科学家钱学森主持研制了火箭与导弹；面对互联网社交联系需求，张小龙开发了移动应用程序微信。

很明显，在社会历史发展过程中，人类需求牵引着科技创新的发展方向。现实生活中，创新科技在满足人类某种需求的同时，很有可能又会刺激衍生出人类新的需求。基于人类的自我实现需求，莱特兄弟发明了飞机，而商用客机的成功研制，又创造了人类的交通运输需求。总之，需求与科技相互影响，共同促进人类社会的发展。

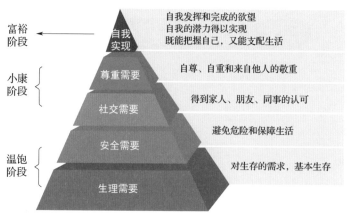

图1-1 马斯洛的需要层次结构模型

（素材来源：马斯洛需求层次理论）

需求是指由需要而产生的要求。在没有特别说明的情况下，需要与需求的含义互通，只不过需要侧重主观，而需求偏向客观。从心理学的角度，马斯洛将人的需要划分为五个层次，即生理需要、安全需要、社交需要、尊重需要和自我实现需要。这些需要呈金字塔状排列，从低到高按层级依次递升，当低层次需要被充分满足后，更高层次需要才能发挥激励作用。

从经济学的角度，需求是指消费者购买商品或劳务的欲望和能力。站在市场的角度看，市场是由千千万万个人组成的，其整体外在需求背后源于每个个体的内在心理需要。一般认为，低层次需要共性特征量大，形成的市场规模大；而高层次需要差异化特征多，蕴藏的经济价值高。

面对浩瀚的苍穹，人类除了本能的抬头仰望，还拥有无穷无尽的好奇。有人说好奇心害死猫，但有时候好奇心也改变世界。从历史来看，这些由内在好奇心而驱动的自我实现需求，为人类社会创造了许多美好的事物。

据不完全统计，这些世间好物大致可以分为三类。其一，想象进入天空的文化作品，有如《嫦娥奔月》神话、《敦煌飞天》壁画、《流浪地球》电影等。其二，替代进入天空的飞行物品，比如风筝、气球、多旋翼无人机等。其三，载人进入天空的装备产品，如航天飞船、商用客机、通用运输直升机等。

伴随着科技的进步，人类不断地突破对天空的想象，创造出大量的新奇事物。量变产生质变，而质变又撬动新的人类需求，如此循环往复。

多旋翼飞行器，最初它并非大自然的产物。在某种程度上，它算是人类对大自然的一个馈赠。据文献记载，早在1907年9月29日，法国Breguet（布雷盖）兄弟研制了世界上第一架多旋翼飞行器，成功地实现了离地飞行。当时，它只是一个单纯的、追求自我实现的飞天梦想。

令人意想不到的是，百余年来，这种构型依然延续着强大的生命力。滚滚红尘中，它早已忘了自己换了多少新装，美了几次容颜。或携带相机，变成航拍多旋翼飞行器；或挂载农药，变成植保多旋翼飞行器；或运送包裹，变成物流多旋翼飞行器。

诚然多旋翼构型飞行器最初并没有取得预想的成功，但是随着科技的不断进步，高层次需求非常有力地向低层次降维转变，使它又焕发出旺盛的生命力。

当前，多旋翼构型是市场上存量最多、受众最广、研究最热的飞行器之一。虽然它深受广大爱好者的追捧，被广泛应用于航拍、巡检、植保、安防、物流等领域，但是我们也必须清楚地认识，想要打造一款商业成功的产品，这并非是一件容易的事情。

因为商品是大众化产品，它需要满足市场需求的共性，而远非简单地满足个人的自我实现需求。不可否认，追求自我实现是科研人员的必然使命，但是我们也必须清醒地认识到，基于内在自我实现的科技创新是离散的、非连续性的，在短期内是难以创造出商业价值的，而在市场中找到产品的真正需求才是商业成功的关键。不妨现在，重新审视多旋翼飞行器的发展历程，看其历史阶段需求如何演变；综合分析当前国内外现状，看其行业技术发展如何变迁；大胆探索其未来应用及发展空间，寻找新的需求增长方向。

1.1　多旋翼飞行器的发展历程

历史的发展总是惊人的相似。多旋翼构型飞行器作为一种典型的旋翼航空器，同其他发展成熟的航空器一样，其发展历程也大致经历了三个时期，即萌芽期（1900 年以前）、探索期（1907 年至 1957 年）和发展期（1990 年至今）。

1.1.1　萌芽期（1900 年以前）

多旋翼飞行器的历史，最早可以追溯至中国晋朝（公元 265 年至 420 年）的竹蜻蜓。据葛洪《抱朴子》记述，"或用枣心木为飞车，以牛革结环剑，以引其机"。其中的"飞车"被认为是关于竹蜻蜓的最早记载。

古代的竹蜻蜓，其由竖向竹柄和横向叶片组成，呈"T"字形布局，双手一搓而后松手，即可飞入

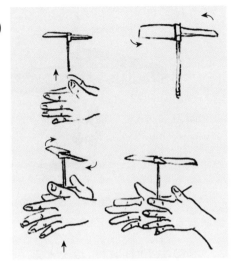

图 1-2　中国古代发明的竹蜻蜓
（素材来源：zhidao 网站）

天空。最初，它只是一个普通的民间儿童玩具。然而，随着科技的不断进步，基于竹蜻蜓飞行原理的探索，人们创造出了现代旋翼飞行器。也正因为如此，竹蜻蜓被世界公认为是现代旋翼飞行器发展的最早雏形。

无巧不成偶！意大利的达·芬奇于 1483 年提出了天马行空的构想，即人通过不停地旋转螺旋桨而起飞的设计方案。虽然这种设计方案最终没能成功地实现离地飞行，但是它为现代旋翼飞行器的发明提供了发展方向。

时间漫步至 1796 年，受中国竹蜻蜓的启发，英国的乔治·凯利制作了世界上第一架共轴双旋翼飞行器。

随后，他于 1809 年在《论空中航行》的论文中破天荒地提出了物体在空中航行的力学基础，系统论述了空中飞行器的四种受力行为，即升力、重力、推力和阻力，这些重要论断为现代航空器的空中飞行奠定了理论发展基础。也正因为这种开创性的贡献，乔治·凯利被誉为"现代航空之父"。

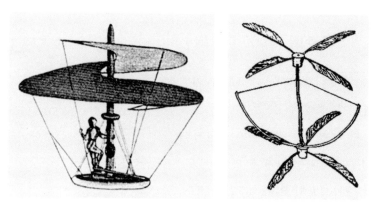

图1-3　达·芬奇设计构想和乔治·凯利制作方案

（图片来源：aviastar网站）

　　受限于当时的科学技术水平，人类对天空的各种好奇和想象，大部分都局限在想象进入和替代进入的思维框架内。此外，在这种混沌无序的萌芽阶段，世界各国的发明家也是脑洞大开，贡献了许多的奇思妙想，比如1828年意大利萨尔蒂（Sarti）的共轴旋翼方案、1754年俄国罗蒙诺索夫（Lomonosov）的双旋翼方案、1845年法国的科苏斯（Cossus）三旋翼设计方案、1861年美国尼尔森（Nelson）的四旋翼专利方案、1886年法国凡尔纳（Verne）的多旋翼飞船方案等。

图1-4　萌芽期的五种典型多旋翼飞行器方案

（图片来源：aviastar网站）

1.1.2 探索期（1907 年至 1957 年）

第二次工业革命以来，内燃机的发明和使用，极大推动了当时生产力的发展，大幅提高了人们的生活水平。内燃机，作为一种化学能转变为机械能的装置，它广泛应用于社会各个领域，当然在航空领域也不例外。

得益于内燃机的发明和使用，这种能量转换装置能够突破地心引力的束缚，使得载人进入天空变成了可能。在查尔斯·里歇（Charles Richet）教授的指导下，法国布雷盖（Breguet）兄弟于 1907 年制造了世界第一架载人多旋翼飞行器，该机可运载 1 人，高 3.7m，空机重量 500kg，起飞重量 578kg。它采用 1 台 34kW 的活塞发动机，拥有四副双旋翼，其旋翼直径为 8m。

图 1-5 世界上第一架载人多旋翼飞行器

（图片来源：aviastar 网站）

据史实记载，这架多旋翼于同年 8、9 月份进行了载人飞行试验，飞行高度约 1.5m，飞行时间 1 分钟。虽然这次进入天空的载人飞行时间非常短暂，但是这次飞行开创了人类搭乘多旋翼飞行器进入天空的先河。

1920 年至 1924 年期间，法国的艾蒂安奥米西恩（Etienne Oemichen）先后研制改进了多架多旋翼构型飞行器。据资料记载，第一架原型机在使用气球提供辅助升力条件下实现了离地飞行，第二架原型机在做了大量改进后成功实现了空中飞行，多次打破自己创造的飞行纪录，最大航程 1km，最长飞行时间 14 分钟。

图1-6　Oemichen No.2 原型机

（图片来源：aviastar 网站）

该机空机重量800kg，采用1台135kW的发动机，拥有四副单旋翼和八个螺旋桨，旋翼直径为 $2\times7.6m/2\times6.4m$。虽然当时这种多旋翼构型实用性并不强，但是其垂直起降特点还是引起了多国军方的广泛兴趣。

大约在同一时期，苏联的乔治·德博特扎特（George de Bothezat）在美国空军的资助下，研制了一款四旋翼飞行器，该机最多可运载4人，长宽高 $19.8m\times19.8m\times3.05m$，空机重量1678kg，起飞重量1700kg。它采用1台135kW的发动机，拥有四副单旋翼和八个螺旋桨，其旋翼直径8.08m。

据公开资料，该原型机于1922年期间进行了百余次飞行试验，最终可在9.1m高空悬停，飞行时间约3分钟。然而，由于当时发动机效率低，该机飞行性能差，实用性并不强，最终军方还是选择了放弃。

图1-7　德博特扎特的原型机

（图片来源：aviastar 网站）

最是无聊怕空档！转眼 30 余年过去了，在多旋翼构型领域中，新技术几乎没有掀起一点波澜，平静得超乎寻常。终于，在 20 世纪 50 年代中期，多旋翼飞行器才迎来了一丝发展的曙光。1956 年，美国的 D. H. 卡普兰研制了人类历史上第一架真正意义上的载人多旋翼飞行器。该原型机可运载 1 人，空机重量 998kg，采用 2 台 66kW 的发动机，拥有四副单旋翼，旋翼直径为 5.92m。

据相关资料，该原型机采用变距拉杆控制，在空中可实现悬停和机动飞行，但是其运载重量、飞行速度和最大航程等性能表现非常一般。与同时期其他构型飞行器相比，该机优势并不突出且劣势非常明显。在飞行性能望尘莫及的情况下，当时多旋翼构型也只能望洋兴叹，再度沉寂。

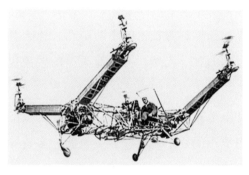

图 1-8　转换翼公司（Convertawings）Model A 原型机
（图片来源：aviastar 网站）

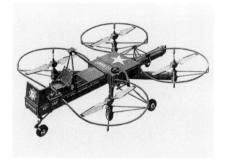

图 1-9　柯蒂斯-莱特公司 VZ-7 原型机
（图片来源：aviastar 网站）

随后于 1957 年，在美国陆军的资助下，柯蒂斯-莱特（Curtiss-Wright）公司研制了一款名为"飞行吉普"的四旋翼飞行器。该机最多可运载 2 人，长宽高 5.18m × 4.87m × 2.83m，空机重量 771kg，起飞重量 952kg。它采用 1 台 320kW 发动机，最大飞行速度达 51km/h，飞行高度约 60m。据参考资料，该公司在 1958 年先后研制了 2 架原型机，进行了大量的飞行试验，可轻松地实现空中悬停和大机动飞行。但是，由于其技术指标均未达到军方要求，因此该项目最后无奈地选择了清算下马。

好景不长！多旋翼飞行器随即又转入了一段更长时间的空档期，将近40年之久。究其原因，在笔者看来，主要有以下五种原因。其一，拉力载荷低，固定翼构型1kg推力可以拉起10kg重量，而多旋翼构型只能拉起与其推力1:1的重量。其二，气动效率低，多旋翼构型迎风面积大，阻力系数高，气动阻力大。其三，控制稳定性差，传统机械操纵机构复杂，机构操纵协同响应慢。其四，桨叶半径不能无限扩大，根部易疲劳折断。其五，内燃机热效率有瓶颈，理论上不超过60%，而实际应用在30%左右。

1.1.3 发展期（1990年至今）

第三次科技革命以来，电子计算机的发明和应用，给人类社会带来广泛而深远的影响。电子信息、新能源和新材料等技术的不断革新，让人类许多以前的想象开始不再是遥不可及的向往。当然，人类对天空的想象也不例外。

受益于微机电系统的成熟应用和电池技术的不断突破，多旋翼构型的发展开始发生了重大变化，转向身姿更小的娱乐玩具领域。至此，多旋翼飞行器开启了一段以小型化为主的发展之旅。

以keyence gyrosaucer为代表的迷你四旋翼飞行器，首次在日本市场发布，就赢得了许多年轻爱好者的追捧。它全身采用泡沫材料制作，在室内可安全地飞行，飞行时间约3分钟，很像一只升级版的"竹蜻蜓"。随后，美国Mike Dammars公司、德国Silverlit公司和美国Dranganflyer公司也陆续推出了多旋翼产品。

随着玩具市场的不断深入和扩大，人们对多旋翼产品的娱乐性提出了更高的要求，比如精确悬停、智能操控等。于是，研究人员开始转向以飞行控制为核心的研究方向。

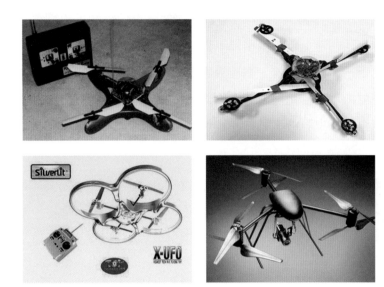

图 1-10　微小型多旋翼产品

（图片来源：bing 网站）

以德国 Microdrones Gmbh 公司推出的四旋翼 MD4-200 为例，它能在室内进行精确的悬停，并且可以实现半自主飞行，这也基本奠定了多旋翼构型的稳定控制技术基础。随着维杰·库马（Vijay Kumar）和拉菲尔·安德烈（Raffaello D'Andrea）两位教授先后在 TED 上的两次飞行演示，多旋翼的飞行控制技术也基本发展到了顶峰，如编队飞行、牵线拉网等。

图 1-11　多旋翼飞行器飞行控制演示

（图片来源：TED 网站）

面对控制性能如此优异的多旋翼飞行器，人们显然不愿意将它的应用局限在娱乐玩具领域。于是，多旋翼飞行器开始转变为以应用拓展为主的发展方向。2012 年，大疆创新科技公司首开先河推出了一款名为精灵的航拍一体机。一经上市，就引爆了当时的国内外市场，成为现象级的热门消费类电子产品。紧接着，多旋翼飞行器应用领域不断被拓展，俨然呈现出百花齐放的局面。亿航智能在编队飞行领域翩翩起舞；零度智控在电力巡检领域自由摇曳；极飞科技在植保领域挥洒自如；空客公司在载人领域不遗余力，等等。

图 1-12　多旋翼飞行器应用领域拓展
（图片来源：bing 网站）

1.2　国内外现状

谁知大风起兮云飞扬！在大疆精灵掀起多旋翼飞行器风口后，全球产业资本大举进入，世界各国才智纷至沓来。受益于资本的润滑驱动和才智的蜂拥聚集，多旋翼飞行器得到了前所未有的发展，形成了行业发展态势，开辟了技术研究方向。

1.2.1　行业发展现状

随着消费级多旋翼飞行器市场的兴起，全球无人机行业得到了大幅发展。同时得益于政府的开放政策，中国无人机在全球范围内的市场表现独占鳌头。下面以行业分析的基本框架，深入剖析当前多旋翼飞行器的市场规模、市场结构和市场空间。（由于多旋翼无人机是无人机市场产生增量的重要组成部分，为宏观说明当前多旋翼的市场应用现状，以下选择无人机行业的市场数据展开分析论述。）

市场规模

据公开数据显示，自 2016 年以来，全球无人机市场规模一直呈高速增长趋势，年均复合增长率 49.6%。2017 年，全球无人机市场出货量首次达到 300 万架。2018 年，全球无人机市场规模首次突破 600 亿元大关。2020 年，全球无人机市场销量和市场规模分别为 1202 万架、1683 亿元，其中民用无人机市场规模约 580 亿元。

图 1-13　全球无人机出货量和市场规模现状

（数据来源：起点研究院、前瞻产业研究院）

据中商产业研究院数据，自 2016 年以来，中国民用无人机市场规模一直呈不断扩大趋势，年均复合增长率达 71.2%。2016 年，中国民用无人机市场销售总额仅为 42 亿元，2018 年，中国市场规模突破 100 亿元关口，达到 134 亿元。2020 年，市场规模突破 300 亿大关，高达 361 亿，几乎是 5 年前的 9 倍。其中，消费级无人机市场规模约 235 亿元，占比 65% 以上，工业级无人机市场规模为 126 亿元，占比约 35%。

图 1-14 中国民用无人机市场规模发展现状

（数据来源：中商产业研究院）

市场结构

据 Drone Industry Insights 的数据，在 2020 年全球无人机市场中，民用无人机市场规模仅占 35%，而军用无人机市场规模占比高达 65%。在消费级民用无人机市场，大疆创新常年稳居市场第一的位置，市场格局非常稳定。2020 年，大疆创新消费级无人机占全球超 80% 的市场份额，占国内约 70% 的市场份额。在工业级民用无人机市场，政府采购占 40%、消防灭火占 26%、农业植保 17%、能源勘探 10%、地理测绘 6%、其他 1%，其细分市场更为多样，结构层次更为分明。

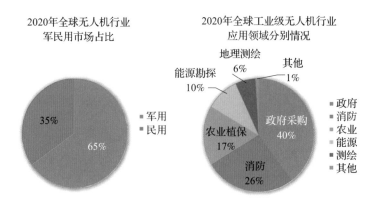

图 1-15 全球无人机行业市场结构

（数据来源：Drone Industry Insights、前瞻产业研究院）

市场空间

随着无人机技术的不断发展，首次引爆民用市场的消费级无人机，现在开始逐步进入成熟期，头部企业非常集中，其增量空间基本牢牢被龙头企业锁定把控。目前工业级无人机市场，正在大幅向植保、安防、物流等领域渗透。

据前瞻产业研究院预测，未来5年全球及中国工业级无人机市场规模将持续保持高速增长。到2025年，全球工业级无人机市场规模将超过1200亿元，中国市场规模将达442亿元。以2020年全球工业级无人机市场结构为背景，届时行业细分市场领域将迎来巨大的增量发展空间，同时也给草创企业带来了新的发展机遇。受益于行业需求的刺激，肯定会有一些企业抓住机遇顺势而上，经若干年后蜕变脱颖而出，并赢得市场的行业地位和广泛关注。

图1-16 全球及中国工业级无人机市场规模预测
（数据来源：前瞻产业研究院）

1.2.2 技术研究现状

随着多旋翼构型技术的不断发展，其优点越来越被市场广泛地认可和接受。为更好地满足市场的多样化需求，科研人员开展了大量深入的研究工作，有的专注应用拓展技术，有的聚焦构型扩展技术，还有的深耕平台基础技术。

应用拓展技术

通常，应用拓展技术主要诞生于工业应用领域。在该技术领域中，大疆创新警用无人机开展了智能跟踪航拍和无线图像传输等技术应用；极飞科技深研了植保无人机自动喷洒系统和低空变量控制等应用技术；零度智控巡检无人机突破了线路视觉跟踪和线路故障探测等关键技术；亚马逊物流无人机验证了航路自动规划和包裹自动收放等应用设计；西工大试验了消防无人机高精度射弹和二次冲击破窗等灭火应用；海康威视安防无人机应用了避障感知系统和智能跟踪巡查等新颖功能。

图 1-17　四种典型应用的多旋翼无人机

（图片来源：公司官网、bing 网站、中国青年报）

构型扩展技术

在构型扩展技术领域中，以色列 Sky Sapience 公司研制了系留式多旋翼无人机（Hover Mast-Lite），这种构型有效解决了多旋翼动力能源不足的痛点，可广泛应用于应急通信、要地监控和大气监测等领域。美国 Latitude Engineering 公司研制了复合式多旋翼固定翼无人机（FVR-10 AIRFRAME），这种构型兼具多旋翼垂直起降和固定翼机动快速优点，可用于军用察打一体等领域。欧洲空客公司研制了跨界式多旋翼飞行汽车（Pop Up Next），这种构型既能在空中实现载人飞行，又能在地面进行载人行驶，可有效缓解城市交通拥堵，有望应用于未来城市交通出行领域。

图1-18　系留式、复合式和跨界式构型多旋翼飞行器

（图片来源：各公司官网）

平台基础技术

在平台基础技术领域中，麻省理工学院 Raven 实验室研究了室内多机协同、机车协同等集群编队技术；斯坦福大学 STARMAC 项目试验验证了多机协同算法和控制策略等技术；宾夕法尼亚大学 GRASP 实验室研究了集群航迹追踪、协同编队飞行等技术；瑞士联邦理工学院 D′Andrea 团队试验研究了自主飞行控制律、高机动智能飞行和室内光学动捕系统等技术。

此外，在与多旋翼平台相关的技术领域中，科研人员也在前线积极奋战工作。博霍克斯（Bohorquez F）基于共轴双旋翼构型的悬停效率研究，提出了双桨轴向间距与螺旋桨半径之间的经验比例关系；哈灵顿（HarringtonAM）通过研究多旋翼飞行器平面布局的整体性能，提出了螺旋桨水平间距与螺旋桨半径之间的最佳尺寸比例。

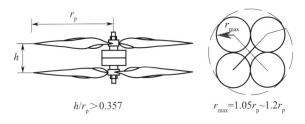

图1-19　多旋翼共轴双桨布置与水平布局的经验比例

1.3　未来应用及发展

向青草更青处漫溯！需求驱动是市场驱动，技术驱动是种子驱动。当前，多旋翼构型正处于需求与技术的双轮驱动背景下。展望未来，多旋翼构型的应用拓展方向往哪儿去、平台发展方向在哪儿、技术发展方向朝向哪儿，更值得思考。

1.3.1　应用拓展方向

工具是产品应用拓展的主要方向。有人说，能被量化的是科学，能被控制的可以做成工具。正因为其具有精确控制的特点，多旋翼构型才被广泛应用开发为各种工具，有的向着人类器官延伸方向，有的技术溢出由民用转向军用。

向着器官延伸

工具是人类器官的延伸。基于多旋翼构型平台，向着工具发展的方向，人们进行了大量的应用拓展创新。有的延伸人类的视觉器官，如航拍多旋翼飞行器；有的延伸人类的手脚，如农林植保机；有的延伸人类的感知器官，如环境监测机……

然而，单纯从人类器官延伸的角度看，多旋翼构型还少有整合人类听觉器官的功能。在现实生活中，虽然人类获取信息的通道大部分来自视觉器官，但是仍有11%的信息来自听觉通道，它也是人类获取信息的一种重要途径。

声音是人与人交流最自然的一种方式，也是人与动物沟通最直接的一种形式。在应急的情况下，喇叭可以广播信息，引导人们正确逃生，而携带喇叭的多旋翼飞行器，可以穿过着火的丛林障碍、越过地震的道路险阻、跨过洪水的天堑之隔等。

鸟害是植物庄稼最大的危害之一，与虫害不同的是，虫害可以通过打农药预防，而防止鸟害只能采用最古老的方法，用声音广播驱散驱离。很明显，在偌大的农场里，如果引入载有喇叭的多旋翼飞行器，嵌入驱离各种鸟类的声音，可以适时驱除农场的鸟害。

从延伸人体器官的角度看，工具的特点是增强人体的某种能力或提高人类的工作效率、增添人们的生活乐趣。因此，除了向新的人体器官方向延伸之外，多旋翼构型还可以往工具特点的方向继续挖掘，全方位多角度增强人体器官的应用功能。

民用转向军用

随着多旋翼无人机在民用领域的迅速崛起，多旋翼构型已从最初的人类自我实现需要降维转变为现实生活中的社交、安全等人类需求。从安全的角度看，安全基本包括国家安全、公共安全、企业安全、校园安全、人身安全等。

然而，从个人的需求层次看，安全是每个个体的第二层级需要，其需求共性形成的市场规模大。虽然目前多旋翼构型已经拓展应用于警用安全、消防灭火、安防监控等细分安全领域，但是在其他宏观的安全领域中，多旋翼构型仍少有涉入，比如国家安全领域。

与固定翼无人机相比，多旋翼无人机虽然在速度、载重、续航等方面较为逊色，但是其具有控制精确、成本低廉、操控简单等优点，仍可在国家安全军事领域中进行广泛的应用拓展。

利用其精确控制等特点，多旋翼无人机可以隐蔽在敌方前线侦察收集情报，也可搭载机枪火炮近距离打击敌方据点。利用其成本低廉等特点，多旋翼无人机可以组成编队实施蜂群战术，也可饱和火力攻击压制敌方前线战力。利用其操控简单等特点，多旋翼无人机还可运送投放军事物资或后勤补给。

图1-20　多旋翼无人机在军事领域中的应用拓展

（图片来源：bing网站）

从国家军事安全的角度看，多旋翼无人机具有替代战士战斗、增强战斗能力和运输后勤补给等特点。因此，除了往军事战争实战应用拓展之外，在和平时期的军事领域，多旋翼无人机还可以进行应用深度挖掘，用作训练靶机或用于边境巡逻等。

1.3.2　平台发展方向

平台是产品进行应用拓展的基础。随着飞控技术的发展成熟，硬件平台越来越成为制约多旋翼无人机发展的主要因素。为了突破硬件平台的物理限制，创造出增量应用空间，多旋翼无人机还可向大型化方向发展，也可朝着载人方向努力。

从小型到大型

物理限制是硬件平台的固有属性，也即在现实世界中，硬件产品不可能做得无限小，也不可能做得无限大，其技术发展还受一定的物理形态制约。现实中，科技创新是产品突破物理形态限制的重要力量。

受益于微机电系统的应用发展，曾经的多旋翼平台一改以前的大尺寸载人概念，以更小的无人机身姿走进了人们的现实物理世界。当前，随着芯片纳米技术的不断发展，多旋翼平台还可以继续往微小型方向发展。当然，随着能源动力系统的性能提升，多旋翼平台也还可以向更大尺寸方向探索。

向微小型方向发展，荷兰 TRNDlabs 实验室研制了世界上最小的多旋翼无人机 SKEYE Pico Drone，该机重量仅有 7g，尺寸 2.2cm×2.2cm，可以进行精密的飞行训练，可广泛应用于娱乐、监测和侦察等领域。

向中大型方向发展，德国 Volocopter 公司试验研制了世界上首架纯电动载人多旋翼飞行器。该机可运载 2 人，重量 260kg，最大飞行速度 100 km/h，最大航程约 35km。欧洲空客公司研制试验了一款名为 CityAirbus 的载人四旋翼飞行器。该机可运载 4 人，起飞重量 2.2t，最大飞行速度 120km/h，最大航程 50km。

图 1-21 最小多旋翼无人机和中大型载人多旋翼机

（图片来源：bing 网站）

从无人到载人

历史看来，从低级到高级，由无人过渡到载人，是飞行器平台发展的一般规律。虽然历史上首架横空出世的多旋翼飞行器是载人飞行器，但是限于当时的科学技术水平，这种多旋翼构型飞行器并没有取得很大的成功。

不可否认，多旋翼飞行器首次载人尝试具有很大的开创性意义，极大地鼓舞了人类进入天空的勇气，但是其终究还是脱离了当时科技发展的实际，最后在历史的长河中无奈地长时间沉寂。近年来，随着多旋翼无人机的热度兴起，伴随着现代科技的进步，载人多旋翼机再次成了热门发展议题。

向载人的方向发展，俄罗斯 Hoversurf 公司打造了一款名为 Scorpion-3 的飞行摩托，该多旋翼飞行器可运载 1 人，飞行高度为 5～15m，最大飞行速度 96km/h，续航时间可达 15～20 分钟。小鹏汇天公司开发了旅航者系列产品，其拥有四副双旋翼，可运载 1～2 人，飞行高度 1000m 以下，最大飞行速度可达 120km/h，续航时间最长可达 30 分钟。

亿航智能公司研制了载人系列产品，其采用自动驾驶技术，可运载 1～2 人，已经获得了多国民航的特许飞行许可，用于日常短途的交通出行。此外，Lift Aircraft 公司、Alaka'i Technologies 公司、Bell 公司等也推出了它们的载人多旋翼概念产品。

图 1-22　载人多旋翼交付产品及概念产品

（图片来源：各公司官网、bing 网站）

1.3.3 技术发展方向

技术是产品平台发展的重要支撑。随着多旋翼飞行器不断向大型化、载人化方向发展，基础技术越来越成为制约平台发展的主要瓶颈。低空载人多旋翼平台是未来最有可能创造出经济新增长点的趋势方向，当前突破电池能源和智能驾驶等关键技术仍然最为迫切。

电池能源

电池能源是多旋翼飞行器的心脏，它由电池化学能转化为电能，再由电能转变为平台机械能。由于燃油能量密度高，发动机功率密度大，历史上航空发展优先选择了燃油发动机组合。

然而，随着电池能量密度的不断提升，全球航空绿色环保的要求越来越高，电池能源替代燃油能源，越来越成为未来发展的主要趋势。近年来，受益于电动汽车的大规模推广应用，电池能源技术得到了大幅发展，其能量密度基本上以每年 10%～15% 的比例幅度保持提升，且中国在这方面表现尤为突出。

在动力能源领域中，《中国制造2025》发布了动力电池技术路线图，2025 年量产电池能量密度达到 400Wh/kg，2030 年达到 500Wh/kg。值得一提的是，400Wh/kg 是电池能源成为航空动力的一个设计准入门槛值，也即目前化学燃料在航空器上所占的比重，而 500Wh/kg 是动力电池航空器实现商用的一个前提。当然，也常有实验室宣称电池能量密度做到 1000Wh/kg 以上。

此外，为了突破动力能源技术的瓶颈，还有公司提出混合动力的解决方案。例如，美国 Bell 公司推出的 Nexus 载人概念多旋翼飞行器，它采用赛峰集团开发的混合动力系统，其由涡轮发动机和动力电池组成。很显然，当前做实电池技术路线或混动解决方案，是加快载人多旋翼飞行器落地的最有效途径。

总体目标		2025年	2030年	2035年
能量型电池	普及型	比能量＞200Wh/kg 寿命>3000次/12年 成本<0.35元/Wh	比能量＞250Wh/kg 寿命>3000次/12年 成本<0.32元/Wh	比能量＞300Wh/kg 寿命>3000次/12年 成本<0.30元/Wh
能量型电池	商用型	比能量＞200Wh/kg 寿命>6000次/8年 成本<0.35元/Wh	比能量＞225Wh/kg 寿命>6000次/8年 成本<0.40元/Wh	比能量＞250Wh/kg 寿命>6000次/8年 成本<0.35元/Wh
能量型电池	高端型	比能量＞350Wh/kg 寿命>1500次/12年 成本<0.50元/Wh	比能量＞400Wh/kg 寿命>1500次/12年 成本<0.45元/Wh	比能量＞500Wh/kg 寿命>1500次/12年 成本<0.40元/Wh
能量动力兼顾型电池	兼顾型	比能量＞250Wh/kg 寿命>5000次/12年 成本<0.60元/Wh	比能量＞300Wh/kg 寿命>5000次/12年 成本<0.55元/Wh	比能量＞325Wh/kg 寿命>5000次/12年 成本<0.50元/Wh
能量动力兼顾型电池	快充型	比能量＞225Wh/kg 寿命>3000次/10年 成本<0.70元/Wh 充电时间<15分钟	比能量＞250Wh/kg 寿命>3000次/10年 成本<0.65元/Wh 充电时间<12分钟	比能量＞275Wh/kg 寿命>3000次/10年 成本<0.60元/Wh 充电时间<10分钟
功率型电池	功率型	比能量＞80Wh/kg 寿命>30万次/12年 成本<1.20元/Wh	比能量＞100Wh/kg 寿命>30万次/12年 成本<1.00元/Wh	比能量＞120Wh/kg 寿命>30万次/12年 成本<0.80元/Wh

图1-23　动力电池技术路线图

（数据来源：《中国制造 2025》）

智能驾驶

在智能驾驶领域中，Uber 公司发布《城市空中交通白皮书》，指出通用飞机每公里死亡人数是地面汽车的 2 倍。明然，在城市低空驾驶通用飞机，其飞行安全问题尤为重要。不同于地面行驶的汽车，其只需注意前后左右二个维度的路况，在城市低空飞行的航空器，它还需关注包括上下维度在内的三维空间情况。

放眼全球大中型城市，高楼大厦耸立，房屋建筑参差错落，给载人航空器低空飞行带来了空中驾驶难题。此外，随着城市低空空域的不断试点开放，未来城市低空将涌入越来越多的通用航空器，这无疑会进一步增加载人航空器的空中驾驶难度。因此，有必要引入智能驾驶方案，以增强载人航空器在城市低空的飞行安全，为载人航空器的大规模应用奠定基础。

同汽车自动驾驶技术相似，低空智能驾驶技术包括环境感知、智能决策和控制执行三大模块。面对静态的建筑、动态的飞物和复杂的气象环境，载人多旋翼飞行器需要做到实时精确感知，为智能决策提供数据输入。相较于静态建筑，动态飞物感知更具有难度，复杂的气象感知也是技术难点，特别是低空湍流和风切变。

　　基于环境感知数据，载人航空器根据驾乘人员意志，在航路飞行中实时进行智能决策。其中，通信网络是智能决策的关键，它介于陆基和空基之间，目前还不能有效地进行互联互通，而未来的6G技术有望突破这种障碍，实现陆海空天一体化的融合通信。

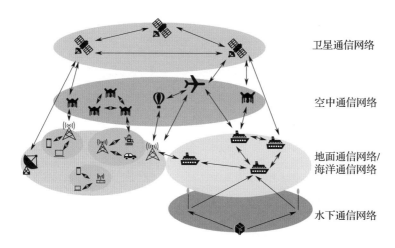

卫星通信网络

空中通信网络

地面通信网络/
海洋通信网络

水下通信网络

图1-24　陆海空天融合通信网络[33]

　　毋庸置疑，6G网络正式商用离我们还有一段距离，但是目前除中国外，欧盟、美国、俄罗斯、日本和韩国等也在紧锣密鼓地研发，都想争取未来世界通信的主导权。显然，这种公开的技术竞争比赛将为载人多旋翼飞行器的城市应用迎来更好的发展机会。

第二章

科技之真

多旋翼飞行器设计
与应用延伸

牛顿说："如果说我比别人看得更远些，那是因为我站在巨人的肩膀上。"古往今来，几乎所有的科技创新都是在继承前人的基础上发展的。基于英国皇家学会胡克的数学猜想，英国物理学家牛顿提出了万有引力定律，这为飞行器的空间飞行奠定了理论基础。基于瑞士物理学家伯努利的滑流理论，英国工程师史密斯发明了螺旋桨，其奠定了现代旋翼的发展基础。基于俄国儒可夫斯基的升力理论，我国王适存教授提出了广义的涡流理论，它奠定了桨叶载荷的计算基础。继承和创新是科技发展的永恒主题。继承是创新的基础，创新是继承的目的，二者辩证统一，不断地促进人类科技的向前发展。

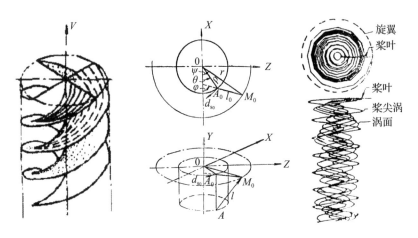

图 2-1　直升机涡流理论模型示意图
（图片来源：王适存 《直升机空气动力学》）

科技，也即科学和技术的简称，英文是"Science and Technology"。科学就是探求真理，即探究自然现象及其客观规律，其研究发现往往对实践具有重要的指导和促进作用。技术具有物化形态，面向社会发展需要，是指根据科学原理或生产实践而形成的方法、手段或工具等。科学主要面向未知领域，侧重解决理论问题，是技术的理论指导；而技术主要聚焦成熟领域，侧重解决实际问题，是科学的实际运用。

历史实践证明，科学技术是第一生产力，是推动经济发展的重要力量。在现实生活中，为更好地促进经济社会的发展，科学技术更多地被引导为求真向善的方向，其中求真即追求事物客观存在的真理。

继承是科技求真的基础和前提。就目前来看，多旋翼飞行器已广泛应用于社会生活的各个领域，其总体技术、部件技术和系统技术等应用发展普遍较为成熟。假如重新开始研发一款新型的多旋翼飞行器，研发人员应广泛继承前人的研究成果，而没必要大搞完全创新。不然的话，将会绕很长的弯路。

当然，继承是一个拿来适用的过程，并非全盘照搬照抄。假如研发一款物流运输型多旋翼飞行器，研发工作者就不应直接照抄消费级航拍多旋翼飞行器，而应根据市场运输包裹的重量大小、规格尺寸等信息，重新论证其总体技术参数，重新设计其任务挂载形式，并对其系统部件再做适应性的改进设计。

创新是科技求真的目的和方向。著名经济学家约瑟夫·熊彼特曾提出，创新就是"创造性的破坏"，以致很多人将该理论奉为圭臬，认为只有颠覆性的创新才称得上创新。然而事实并非完全如此，多旋翼飞行器早在100年前就诞生了，到现在其构型也没有发生多大变化，但是集成创新的现代技术却又让它焕发了新的生机。

改革开放以来，我国将自主创新分为三类，即原始创新、集成创新和引进消化吸收再创新。集成创新，虽然它没有原始创新那样具有颠覆性，也没有引进消化吸收再创新那样具有时效性，但是它更具有融合性和系统性，大幅提高了科技创新的效率。总之，集成创新也能给科技产品带来新的重大改变。

毋庸置疑，科技创新是提升产品竞争力的重要手段。当前，在多旋翼构型应用领域中，这点也不例外。或植入新的模块，变成新的产品，应用拓展新的市场；或改进产品系统，综合提升性能，增强产品应用能力；或改良制造工艺，降低生产成本，创造市场经济价值。面对多旋翼构型，当市场对它提出新的需求时，如果想要研发一款新的多旋翼产品，那么研发人员还应深度掌握多旋翼构型专业技术，才有可能在前人的基础上厚积薄发，创造出用户满意的科技产品。

对于多旋翼构型来说，总体技术是产品总体参数设计的关键，部件技术是支撑产品物理平台的核心，系统技术是产品功能性能的重要保证。四轴多旋翼飞行器，是目前市场上应用最为广泛的一个品类，也是技术上最为基础的一个平台。以下内容主要围绕四轴多旋翼飞行器而展开论述。

2.1 总体技术

四轴多旋翼飞行器是一类常见的多旋翼构型产品。首次进入该专业技术领域，从总体技术切入，是一个较为适宜的途径。同其他飞行器技术类似，多旋翼飞行器总体技术也包括飞行原理、构型布局和总体参数等内容。

2.1.1 飞行原理

飞行原理是飞行器空中飞行的理论基础。由牛顿第三定律可知，当螺旋桨发生旋转时，其会给机体带来一个大小相等、方向相反的力矩。为了平衡这种由螺旋桨旋转而带来的反扭矩，单旋翼直升机的做法是采用尾桨构型进行拉力配平，而多旋翼飞行器的做法则是通过配置电动机的转动方向进行扭矩配平。实践经验表明，四轴多旋翼飞行器可以通过调节其轴端每台电动机的转速，使其每个螺旋桨所产生的拉力发生变化，进而实现对其空中姿态的飞行控制。

以"X"形布局为例，电动机 M1 和电动机 M3 逆时针旋转，电动机 M2 和电动机 M4 顺时针旋转，电动机轴输出端安装有螺旋桨，通过调节控制每台电动机转速，平台可以实现四种典型的飞行姿态，即垂直运动、俯仰运动、滚转运动和偏航运动。此外，基于这四种典型的飞行姿态运动，平台还可以复合衍生出更多的运动形式，比如空中翻转、桶形滚转和定点环绕等。

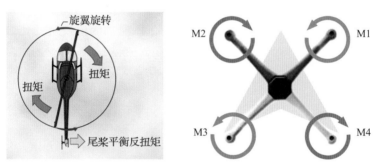

图2-2　单旋翼直升机和四轴多旋翼平衡反扭矩方案
（图片参考：大毛无人机知乎网文章）

垂直运动

垂直运动，即升降控制。如图所示，在同时等量提高或降低四台电动机转速的情况下，各个螺旋桨产生的反扭矩相互抵消，使得整机受力合力仅在垂直方向上发生变化。当螺旋桨产生的总拉力大于整机重量时，平台将垂直向上运动；当螺旋桨产生的总拉力小于整机重量时，平台将垂直向下运动；当且仅当螺旋桨产生的总拉力等于整机重量时，平台将保持空中悬停状态。

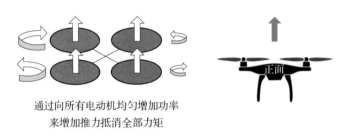

通过向所有电动机均匀增加功率
来增加推力抵消全部力矩

图2-3 四轴多旋翼垂直运动及控制示意图

（图片参考：蜂鸟无人机微信公众号文章）

俯仰运动

俯仰运动，即前后控制。如图所示，在等量提高 M3、M4 电动机转速，并同时等量降低 M1、M2 电动机转速的情况下，各个螺旋桨产生的反扭矩仍然相互抵消，使得整机受力合力仅在纵向平面内发生变化。当后侧螺旋桨产生的总拉力大于前侧时，平台将做低头俯仰运动；当后侧螺旋桨产生的总拉力小于前侧时，平台将做抬头俯仰运动；当且仅当前后侧螺旋桨产生的总拉力竖直分量等于整机重量时，平台将保持水平向前或向后飞行状态。

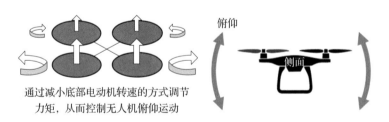

通过减小底部电动机转速的方式调节
力矩，从而控制无人机俯仰运动

图2-4 四轴多旋翼俯仰运动及控制示意图

（图片参考：蜂鸟无人机微信公众号文章）

滚转运动

滚转运动，即左右控制。如图所示，在等量提高 M2、M3 电动机转速，并同时等量降低 M1、M4 电动机转速的情况下，各个螺旋桨产生的反扭矩也是相互抵消，使得整机受力合力仅在横向平面内发生变化。当左侧螺旋桨产生的总拉力大于右侧时，平台将侧身向右运动；当左侧螺旋桨产生的总拉力小于右侧时，平台将侧身向左运动；当且仅当左右侧螺旋桨产生的总拉力竖直分量等于整机重量时，平台将保持水平向左或向右飞行状态。

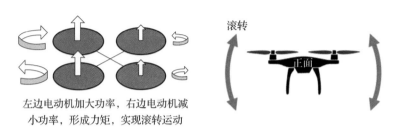

左边电动机加大功率，右边电动机减
小功率，形成力矩，实现滚转运动

图2-5 四轴多旋翼滚转运动及控制示意图
（图片参考：蜂鸟无人机微信公众号文章）

偏航运动

偏航运动，即旋转控制。如图所示，在等量提高 M1、M3 电动机转速，并同时等量降低 M2、M4 电动机转速的情况下，整机拉力在竖直平面内保持不变，使得受力合力仅在水平面内发生变化。当左斜方向螺旋桨产生的反扭矩大于右斜方向时，平台将做顺时针旋转运动；当左斜方向螺旋桨产生的反扭矩小于右斜方向时，平台将做逆时针旋转运动；当且仅当螺旋桨产生的总拉力等于整机重量时，平台将做定点悬停回转运动。

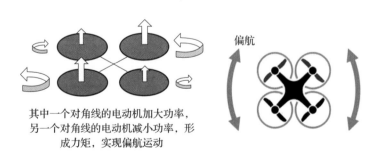

其中一个对角线的电动机加大功率，
另一个对角线的电动机减小功率，形
成力矩，实现偏航运动

图2-6 四轴多旋翼偏航运动及控制示意图
（图片参考：蜂鸟无人机微信公众号文章）

2.1.2　构型布局

构型布局是飞行器物理平台的重要特征。近年来，随着多旋翼飞行器的广泛应用，其构型布局得到了极大的丰富与发展。基于目前的应用情况，多旋翼构型布局可以简单地划分为三类，即以机身平面、升力部件和任务载荷形式。

机身平面

从机身平面角度上看，四轴多旋翼主要有两种类型，即"X"形和"十"字形布局。在平面俯视图中，由于其机架外形呈"X"形或"十"字形特征，故俗称为"X"形和"十"字形。在机体平面坐标系中，四个轴端中心均匀布置在以机体中心为原点，轴长为半径的圆周上。其中，"X"形布局的轴臂与坐标轴呈 ±45°夹角，而"十"字形布局的轴臂与纵横坐标轴重合，如图所示。

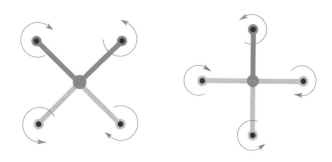

图 2-7　"X"形和"十"字形布局示意图

从机体结构上看，"X"形和"十"字形布局并没有本质的区别，然而它们的飞行控制原理却截然不同。在控制数学模型中，"X"形轴端局部坐标系与机体坐标系存在 45°夹角，其矩阵变换需要附加角度，运算比较复杂；"十"字形轴端局部坐标系与机体坐标系夹角为 0°，其矩阵变换无须附加角度，运算相对容易。在典型工况前后或左右飞行时，"X"形 4 台电动机全部参与配置，其飞行效率高；而"十"字形只有 2 台电动机参与配置，其飞行效率低。对于玩家来说，"X"形需要标记，用于辨别机身朝向，而"十"字形无须标记，就可辨别机头朝向。总而言之，"X"形布局相当于专业级，而"十"字形布局属于入门级。

升力部件

　　基于升力部件的安装形式，四轴多旋翼飞行器可以分为三类，即螺旋桨上置型、螺旋桨下置型和共轴双桨型。最初，人们将升力部件螺旋桨安装在机身结构的上方，它们旋转可以直接产生对机身的拉力，但是这种安装形式的下洗气流不完整。针对上述下洗气流不完整问题，人们随后又提出了螺旋桨下置型的解决方案，但是这种构型对整机的下部空间要求更大。为了兼具上置型和下置型的优点，基于紧凑空间的布置考虑，人们优化了最古老的共轴双桨构型方案。当然，这种构型也有它致命的缺点，即共轴双桨之间存在严重的气动干扰，其双桨产生的拉力仅相当于 1.6 个单独配置的螺旋桨，总体拉力效率相对较低。

图 2-8　螺旋桨上置型、螺旋桨下置型和共轴双桨型布局示意图

（图片来源：大疆、亿航、易瓦特官网）

任务载荷

　　按照任务载荷的布置位置，四轴多旋翼飞行器具有下置式和上置式两类布局。下置式布局是一种最为常用的任务载荷布置形式，其升力部件在上方提供拉力，任务载荷在下方承受重力，整机的传力路线最短最直接，机身稳定性好。上置式布局也是一种较为常用的任务载荷布置形式，其任务载荷安装布置在机身结构的上方，其上方无障碍物遮挡，视野更为宽

广，信号受机身干扰的影响小。此外，对于载人多旋翼飞行器来说，这种构型布局占地空间小，座舱进出比较方便。当然，下置式对机身的下部空间要求更大，而上置式对机身的稳定性要求更高。总的来说，下置式适用范围更广，上置式在某些细分领域具有优势。

图2-9 任务载荷下置式和上置式布局示意图

（图片来源：大疆、亿航、Freefly 和 Airbus 官网）

2.1.3 总体参数

总体参数是飞行器总体设计的关键变量。对于一款四轴多旋翼飞行器来说，用户可能更多的关注是续航时间、飞行速度和最大航程等性能指标，然而在总体设计过程中，科研人员首要确定的总体参数是起飞重量、桨叶半径和动力功率。

起飞重量

起飞重量是进行总体设计的一个重要参数。在确定这个总体参数时，通常采用类比分析和理论计算相结合的方法，首先对市场上的同类产品进行统计分析，然后根据分析的结果初拟一个设计参考值，再者结合该产品的使用技术要求进行性能估算，最后通过反复迭代计算确定产品的最终设计值。

图 2-10　起飞重量确定流程示意图

一般认为，机体结构的重量效率为 12% ~ 15%，也即 1kg 的机体结构可以承载包含系统部件在内的 5 ~ 8kg 机体总重量。此外，假如面向民用航空领域开发航空器，其起飞重量还应考虑民航法规条款的界定和分类管理要求。

针对旋翼类无人机，民航局起草了与起飞重量相关的管理规定。在《轻小无人机运行规定》文件中，明确要求无人机的运行管理按起飞重量进行分类，即 $0 < W \leqslant 0.25kg$、$0.25 < W \leqslant 1.5kg$、$1.5kg < W \leqslant 7kg$、$7kg < W \leqslant 25kg$、$25kg < W \leqslant 150kg$ 共 5 个类别。起飞重量在 0.25kg 以下，无人机无须实名登记，这是入门级无人机市场，典型的有 0.199kg 的零度智控口袋无人机。而起飞重量在 0.25kg 以上的无人机，必须进行实名登记，且在不同的重量区间还应满足相应的附加条款要求。在这些重量区间中，典型的四轴多旋翼无人机有：1.375kg 的大疆航拍机、5.5kg 的华科尔巡检机、12kg 的中科遥感测绘机、45kg 的极飞植保机。

表 2-1　旋翼类无人机重量相关规定

分类	空机重量/kg	空机全重/kg
Ⅰ（a）	$0 < W \leqslant 0.25$	
Ⅰ（b）	$0.25 < W \leqslant 1.5$	
Ⅱ	$1.5 < W \leqslant 4$	$1.5 < W \leqslant 7$
Ⅲ	$4 < W \leqslant 15$	$7 < W \leqslant 25$
Ⅳ	$15 < W \leqslant 116$	$25 < W \leqslant 150$
Ⅴ	植保类无人机	

(续)

分类	空机重量/kg	空机全重/kg
Ⅵ	无人飞艇	
Ⅶ	有特殊风险的 Ⅱ 类无人机	

数据来源：中国民用航空局飞行标准司

注：1. 实际运行中，Ⅰ（a）、Ⅰ（b）、Ⅱ、Ⅲ、Ⅳ类分类有交叉时，按照较高要求的一类分类。

    2. 对于串、并列运行或者编队运行的无人机，按照总重量分类。

    3. 地方政府（例如当地公安部门）对Ⅰ（a）、Ⅰ（b）、Ⅱ类无人机重量界限低于本表规定的，以地方政府的具体要求为准。

    针对旋翼类载人航空器，民航局也制定了与起飞重量相关的法规条款。在《一般运行和飞行规则》文件中，明确规定了空机重量小于116kg的航空器，无须适航审定就可以申请空域飞行。《民用航空器和零部件合格审定规定》，明确要求空机重量超过116kg的航空器，应在取得型号合格证后才能飞行。起飞重量在 $116kg < W \leqslant 600kg$ 范围的航空器，可以申请轻型运动类航空器型号合格证；而在 $600kg < W \leqslant 1225kg$ 区间的，可以申请初级类航空器型号合格证；在 $1225kg < W \leqslant 3180kg$ 之间的，必须申请正常类旋翼航空器型号合格证。超过3180kg的，应申请运输类旋翼航空器型号合格证。在这些重量范围区间内，研制取得进展的载人多旋翼飞行器有：约300kg的亿航 EH184、2200kg 左右的空客 CityAirbus。

表2-2　旋翼类载人航空器重量相关规定

起飞重量/kg	空机重量/kg	要求
—	$0 < W \leqslant 116$	无须适航审定就可以申请空域飞行
$116 < W \leqslant 600$	—	至少取得轻型运动类航空器型号合格证
$600 < W \leqslant 1225$	—	至少取得初级类航空器型号合格证
$1225 < W \leqslant 3180$	—	至少取得正常类旋翼航空器型号合格证
$3180 < W < \infty$	—	必须取得运输类旋翼航空器型号合格证

数据来源：中国民用航空局飞行标准司

桨叶半径

桨叶半径是估算整机拉力的一个主要参数。在确定该参数时，通常采用经验估算和对比论证相结合的方法，首先根据桨盘载荷经验公式估算桨叶半径，然后再与同类产品进行对比分析，最后通过不断迭代优化得到最佳值。

桨盘载荷定义为旋翼所产生的拉力与旋翼桨盘面积之比，即

$$p = \frac{W}{\pi R^2} \qquad (2-1)$$

式中，p 表示旋翼单位扫略面积所承受的重量；W 表示旋翼航空器的起飞重量，近似于悬停时旋翼所产生的拉力；R 表示旋翼形成的桨盘半径，也即桨叶半径。一般来说，旋翼航空器桨盘载荷 p 的取值范围为 $15 \sim 45 \mathrm{kg/m^2}$。

实际上，四轴多旋翼大都采用定距螺旋桨提供拉力，由于其桨距恒定，因此拉力公式也可简化为

$$T = \frac{1}{2} C_T \rho \pi R^2 (R\omega)^2 \qquad (2-2)$$

式中，T 表示螺旋桨所产生的拉力；C_T 表示螺旋桨拉力系数；ρ 表示空气密度；ω 表示螺旋桨角速度；R 表示桨叶半径。

过载系数定义为航空器所受的外力矢量和与航空器自身重量的比值，即

$$n_z = \frac{T - W}{W} \qquad (2-3)$$

式中，n_z 表示旋翼航空器的过载系数；T 表示螺旋桨所产生的拉力；W 表示旋翼航空器的起飞重量。

通常，ρ、n_z 是已知的，在 C_T、ω 和 W 参数给定的情况下，联立式 (2-2) 和式 (2-3) 求解，也可以估算出桨叶半径。

输出功率

输出功率是确定动力系统的一个关键参数。在确定该参数时，通常采用经验估算与仿真分析相结合的方法，首先根据功率载荷公式估算输出功率，然后再进行动态建模仿真分析，最后通过多轮迭代对比确定设计最优值。

功率载荷定义为旋翼航空器的起飞重量与动力输出功率之比，即

$$q = \frac{W}{N} \tag{2-4}$$

式中，q 表示动力系统在额定功率情况下所能举起的重量；W 表示旋翼航空器的起飞重量；N 表示动力系统的额定输出功率。一般来说，旋翼航空器功率载荷 q 的取值范围为 $3 \sim 6\mathrm{kg/kW}$。

2.2 部件技术

部件是产品的一个组成部分，由若干个零件装配而成，有时特指机械物理实体。在多旋翼飞行器中，其主要部件包括升力部件、机身结构和起落架，它们共同组成了产品的物理实体平台，技术是它们开展设计的理论基础。

2.2.1 升力部件

升力部件是飞行器实现飞行的重要组成，主要提供升力来源，并为整机飞行操纵提供控制接口。螺旋桨是一种常用的升力部件，具有定距和变距两种类型。在多旋翼构型中，常选用定距螺旋桨，有时为提高拉力效率，也使用变距螺旋桨。对于螺旋桨而言，其桨叶直径、桨叶宽度、桨叶片数、实度、螺距、桨尖速度、拉力系数和扭矩系数等技术参数是学习入门的必要途径。

桨叶直径

桨叶直径是指螺旋桨桨尖旋转划圈形成的直径。桨叶半径，即桨叶直径的一半，是指螺旋桨中心到桨尖的距离。由式（2－2）可知，螺旋桨拉力与桨叶半径的四次方成正比。也就是说，在相同的条件下，桨叶直径越大，螺旋桨所产生的拉力越大。在螺旋桨选型或设计时，桨叶直径是首要考虑的因素。

桨叶宽度

桨叶宽度是指桨叶某一位置处的剖面弦长，常取桨叶半径0.7处作为特征宽度。一般来说，桨叶宽度与实度、拉力系数相关。在相同的条件下，桨叶宽度越大，其实度越大，拉力系数越小。在选型或设计时，常与翼型配置一起考虑。

桨叶片数

桨叶片数是指桨叶的数量，常用的有 2 片、3 片和 4 片等。据研究表明，桨叶片数与实度、拉力系数和扭矩系数正相关。一般来说，桨叶片数越多，其产生的拉力越大，消耗功率也越多，但总的拉力效率变低。在选型或设计时，如果追求拉力效率，可以选用 2 片桨叶；如果追求更小尺寸，可以选用 4 片桨叶。

图2－11 不同桨叶片数的多旋翼飞行器产品

（图片来源：bing 网站）

实度

实度是指全部桨叶实占面积与整个桨盘面积的比值，其计算公式为

$$\delta \approx \frac{k\,b_7}{\pi R} \qquad\qquad (2-5)$$

式中，δ 表示螺旋桨实度；k 表示桨叶片数；b_7 表示桨叶宽度；R 表示桨叶半径。一般来说，螺旋桨实度 δ 的取值范围为 0.04 ~ 0.11。在相同的条件下，螺旋桨实度越大，其拉力系数可能变大，也可能变小。因此，在选型或设计时，常与拉力系数一起折中考虑。

螺距

螺距是指螺旋桨在空气中旋转一圈桨平面所经过的距离，通常取桨叶半径 0.7 处作为螺旋桨的几何螺距。一般认为，螺旋桨螺距与拉力系数、扭矩系数正相关。在同样的条件下，螺距越大，拉力系数和扭矩系数越大，螺旋桨所产生的拉力和消耗的功率也越大，但是其拉力效率并不呈明显的规律变化。因此，在选型或设计时，应与拉力效率一起权衡考虑。

桨尖速度

桨尖速度是指螺旋桨桨尖的线速度，其计算公式为：

$$v = R\omega \qquad\qquad (2-6)$$

式中，v 表示桨尖速度；R 表示桨叶半径；ω 表示螺旋桨角速度。一般来说，桨尖速度 v 的取值范围为 180 ~ 220m/s，大致相当于 0.55 ~ 0.6Ma$^{\ominus}$。由于桨尖速度存在限制，使得螺旋桨在选型或设计时，桨叶半径和转速必须综合权衡。

拉力系数

拉力系数是指螺旋桨拉力的无量纲量，其计算公式为

㊀　Ma 表示马赫数。——编者注

$$C_T = \frac{T}{\frac{1}{2}\rho\pi R^2 (R\omega)^2} \qquad (2-7)$$

式中，C_T 表示拉力系数；T 表示螺旋桨拉力；ρ 表示空气密度；ω 表示螺旋桨角速度；R 表示桨叶半径。拉力系数反映螺旋桨的固有属性，主要与材料类型、尺寸大小和制造工艺等因素有关，常用于计算螺旋桨拉力。

扭矩系数

拉力系数是指螺旋桨的无量纲量，其计算公式为

$$C_M = \frac{M}{\frac{1}{2}\rho\pi R^2 (R\omega)^2 R} \qquad (2-8)$$

式中，C_M 表示扭矩系数；M 表示螺旋桨扭矩；ρ 表示空气密度；ω 表示螺旋桨角速度；R 表示桨叶半径。扭矩系数也反映螺旋桨的固有属性，主要与材料类型、尺寸大小和制造工艺等因素有关，常用于计算螺旋桨功率。

2.2.2 机身结构

机身结构是组成飞行器的基本平台，主要为其他部件提供安装接口，并保持自身的完整性。对于机身结构设计来说，其主要技术包括设计准则、载荷工况、材料类型、结构形式和连接方式等多个方面内容。

设计准则

为减轻每一克重量而奋斗。毋庸置疑，最小重量是结构设计的使命。在最小重量的设计准则下，应制定合理的结构传力路线，使得整机传力路径最短；应选用合理的结构形式并应用材料，使得结构应力分布均匀。

此外，在追求最小重量的前提下，根据使用技术要求，结构还应满足强度、刚度、稳定性、通用特性、工艺性和经济性等要求。其中，强度是指构件抵抗破坏的能力；刚度是指构件抵抗变形的能力；稳定性是指构件保持原有平衡状态的能力。

图2-12　飞行器结构强度破坏和刚度变形示意图

（图片来源：bing网站）

载荷工况

载荷工况是结构强度设计的输入。对于一款飞行器来说，影响其机身结构的主要载荷有气动载荷、惯性载荷、地面载荷和任务载荷。气动载荷是指飞行器在空中运动受到空气的作用力，由于四轴多旋翼飞行速度较低，这种载荷小，是次要的外部载荷，主要用于整流罩设计。惯性载荷是指飞行器受加速度影响而产生一种体积载荷，这种载荷与过载系数直接相关，作用力较大，是机身结构设计最重要的输入。

地面载荷是指飞行器着陆或停放地面承受的反作用力，由于飞行器在着陆瞬间冲击力大，它也是一种重要的外部载荷，主要用于与起落架连接的机身结构设计。任务载荷是指飞行器机上设备执行任务而产生的载荷，比如农药喷洒、消防射弹等，这种载荷比较集中，

图2-13　植保多旋翼载荷工况示意图

（图片来源：bing网站）

作用力大，与作业任务直接相关，主要用于任务设备安装接口的连接设计。此外，根据不同的使用技术要求，四轴多旋翼还有很多不同的载荷工况，比如鸟撞、风载等。

　　⊝　1ft（英尺）＝0.3048m。——编者注

材料类型

一代材料，一代飞机。材料是影响结构重量的重要因素，性能优异的材料可以大幅减少结构重量，进而整体提高飞行器性能。对于结构设计来说，常用的材料有铝合金、铜合金、合金钢、塑料、复合材料、透明材料等。

铝合金比强度高，用量较大的有 2 系、7 系。其中，2 系常制成于蒙皮、带板、角材等次承力钣金构件；7 系常制成于大梁、隔框、接头等主承力机加构件。铜合金耐磨性能好，常用于连接衬套设计。合金钢比模量大，常用于动部件接头设计。

对于小型多旋翼飞行器来说，其结构主要采用塑料和复合材料。塑料密度低，耐腐蚀性好，又分热塑性、热固性和泡沫。用量多的热固性塑料有聚丙烯、聚乙烯、聚氯乙烯；热塑性材料有酚醛树脂、三聚氰胺；泡沫塑料有聚氨酯。

复合材料比强度高，耐疲劳性好，正在大面积替代传统材料，成为构件设计的新宠。常用的复合材料有碳纤维、玻璃纤维。碳纤维具有导电性能，可用于电磁屏蔽设计；而玻璃纤维可以透波，常用于雷达罩设计。

透明材料主要选用有机玻璃，多用于风挡窗户等功能构件。此外，在构件设计过程中，材料性能是优先考虑的因素，但是制造的工艺性和经济性等因素也需要综合权衡。比如，考虑整机性能，大型多旋翼构件常选用复合材料；而考虑经济性，小型多旋翼构件多使用塑料。

表 2-3 常用材料性能对比

材料类型	密度 / (g/cm³)	强度 / MPa	工艺性	经济性
铝合金	2.8	300 ~ 500	简单	好
铜合金	8 ~ 9	700 ~ 800	简单	一般
合金钢	7.8 ~ 7.9	235 ~ 1600	简单	好
塑料	0.9 ~ 1.5	200 ~ 350	一般	好

（续）

材料类型	密度 / (g/cm³)	强度 / MPa	工艺性	经济性
碳纤维复合材料	1.5 ~ 1.8	1800 ~ 3500	复杂	差
玻璃纤维复合材料	2.4 ~ 2.76	1500 ~ 2200	复杂	差
透明材料	1.18	50 ~ 77	复杂	差

数据来源：《中国航空材料手册》等

结构形式

复杂世界，简单规则。结构单元是简化的结构形式，也是最为理想的抽象提炼。一般来说，结构形式可以简化为杆单元、梁单元、板单元、壳单元和实体单元等。其中，杆单元主要承受轴向拉力或压力，常用于桁架结构；梁单元主要承受弯矩和剪力，常见于框梁组合、悬臂梁；板单元主要承受面内载荷，常见于框梁腹板；壳单元主要承受面外载荷，常用于蒙皮构件；实体单元是对现实结构的简单抽象，常用于一体化构件。通过这些基础的结构单元，可以组合形成各种型式的结构，比如杆梁组成的桁架结构、杆板组成的盒式结构等。

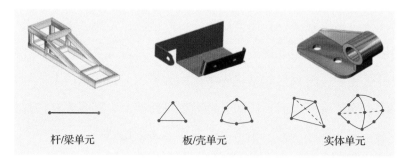

杆/梁单元　　　　　板/壳单元　　　　　实体单元

图 2-14　有限元结构单元抽象示意图

（图片来源：ansys 中文帮助手册）

连接方式

连接传递力量。连接可以让不同的构件建立联系，连接也能使载荷在不同构件之间进行传递。常用的连接方式有铆接、螺接、胶接和焊接等。

铆接主要用于传递剪力，常见于永久性固定连接，根据工程设计经验，连接夹层应尽量控制在三层以内。

螺接主要用于传递拉伸或剪切载荷，常见于可拆卸的固定连接，根据工程设计经验，多选用自锁螺母防止松动。在传递拉伸载荷时，应着重校核螺纹强度，而在传递剪切载荷时，应着重校核螺杆强度。胶接主要用于普通构件连接，如塑料件、复材件等，剪切强度和剥落强度是设计需要重要考虑的因素。焊接可以减少连接重量，形成大的一体化构件，常用于特殊构件连接。此外，销接可用于一些特殊功能的结构连接，比如折叠结构形式。

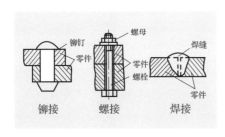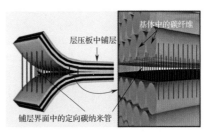

图2-15 常用的结构连接方式示意图

（图片来源：飞机设计手册、bing网站）

2.2.3 起落架

起落架是飞行器着陆的重要装置，主要为整机提供地面支撑，并吸收着陆瞬间的撞击能量。在不同的应用领域中，其构造也不全然相同，目前主要有滑橇式、收放式和支架式，它们共同组成了多旋翼起落架的技术基础。

滑橇式

滑橇式是多旋翼飞行器最常用的起落架构型，又分为滑管外伸式、管杆一体式。滑管外伸式是传统滑橇式起落架的缩放变形，这种外伸式纵向稳定性好，便于前后飞行着陆。而管杆一体式是一体化成型结构，加工制

造成本低，所需存放空间小，便于外携与收纳。侧向稳定性是衡量起落架
着陆性能的一项重要指标，常以参数侧翻角表征，一般可通过调整滑管横
向间距和管梁纵向高度来实现。滑管直接与地面接触、撞击或滑动摩擦，
使得磨损成为设计的一项重要考虑因素，常用的措施是选用耐磨材料、增
加防磨套件、喷涂耐磨涂层。

图2-16　两种滑橇式起落架设计
（图片来源：bing 网站、大疆网站）

收放式

收放式是固定滑橇式的一种功能延伸，其改进了与机身结构的连接形
式，能够在空中进行自主收放。这种构型可以减少整机的气动阻力，改善
整机的飞行性能，进而提高整机的任务执行效率，目前多用于工业级无人
机。此外，收放式起落架也有单撑杆、双撑杆两种形式。其中，单撑杆常
用于结构紧凑，重量较小的无人机；而双撑杆多用于重量较大，任务设备
重的无人机。

图2-17　两种收放式起落架设计
（图片来源：bing 网站）

支架式

支架式是一种仿生着陆装置，主要由阵列分布的固定撑杆组成。这种构型可以不受地域表面的形貌限制，能够全地形硬着陆，适用于沙地、坡地或沼泽等复杂地形。但是，它的布置空间纵横向范围广，自身撑杆吸能效率低，常见于一些特殊应用的无人机。根据工程设计经验，撑杆的布置位置、底部端面的结构形式以及与机身结构的连接形式是设计需要重点考虑的因素。

图 2-18　两种支架式起落架设计

（图片来源：bing 网站）

2.3　系统技术

系统是指具有特定功能的有机整体，由若干个零部件组合而成，有时狭义指含有电子电气类的软硬件。从系统工程角度上看，多旋翼飞行器分为动力系统、飞控系统和感知系统三类，其技术概述是产品实现功能性能的入门基础。

2.3.1　动力系统

动力系统主要提供动力来源，将电池化学能转变为电动机动能输出，使飞行器平台在空中能够飞行运动起来，大致相当于飞行器的"心脏"。对于多旋翼无人机而言，其动力系统主要包括三大分系统，即为电池、电动机和电调。

电池

电池是指一种将化学能转化成电能的装置。在多旋翼飞行器上，它是动力系统的心脏，相当于整机心脏中的心脏，可为电动机运转提供驱动能源。锂电池是常用的动力电池，基本性能参数有电压、容量、能量、功率、放电倍率等。

电压是表征电池内化学物质自由能变化的一个重要参数，单位是 V，主要指标有额定电压、工作电压和充电电压等。额定电压，也叫标称电压，是指电池在标准条件下工作时的电压，例如锂离子电池标称电压为 3.7V。工作电压是指电池在负载下实际放电电压，锂离子电池工作电压通常在 2.75 ~ 3.6V。充电电压是指外电路对电池充电电压，锂离子电池充电电压一般在 4.1 ~ 4.2V。

容量是指电池在一定条件下所能释放总的电量，单位是 Ah，主要指标有理论容量、额定容量和实际容量等。理论容量是指电池内电化学反应理论计算得到的电量。额定容量是指电池在标准条件下能够释放的电量。实际容量是指电池在实际工作时释放的总电量。通常，电池实际容量比额定容量大 10% ~ 20%。

能量是指电池在一定条件下所能输出的电能，单位是 Wh，主要指标有理论能量、实际能量、能量密度等。其中，能量密度表示电池单位质量或单位体积内所能输出的电能，单位是 Wh/kg 或 Wh/L，也是评价电池蓄电能力的一个重要指标，主要影响整机的重量和续航里程，当前的设计参考范围在 250 ~ 350Wh/kg。

功率是指电池在一定条件下单位时间内所能输出的电能，单位是 kW，主要指标有功率密度。功率密度，又称比功率，是指单位质量或单位体积内电池输出的功率，单位是 W/kg 或 W/L，也是评价电池放电能力的一个重要指标，主要影响整机的加速和运载能力，当前的设计参考范围在 500 ~ 1000W/kg。

放电倍率是指电池在规定时间内放出其额定容量所需的电流值，表示电池放电快慢的一种量度，单位是 C。一般来说，锂钴电池范围在 1～2C，三元锂电池在 5～7C，锂锰电池在 10～15C，磷酸铁锂可在 25～35C。

综上所述，其技术参数大部分基于单体电池。实际上，动力锂电池组性能指标远低于这些技术参数。因此，在多旋翼动力电池选型配置时，应结合实际电池的制造工艺，灵活选配锂电池组，使其性能指标满足其总体设计要求。

电动机

电动机是指一种将电能转化为机械能的设备。在多旋翼飞行器上，它相当于整机的肌肉，可为螺旋桨旋转提供运行动力。无刷电动机是多旋翼常用的电动机，主要性能指标有功率、扭矩、转速、电压、电流等。

功率是衡量电动机工作能力的一个重要指标，具体是指电动机将电能转化成机械能的大小，通常有两种标注方法，即额定功率和峰值功率。额定功率是指电动机在长时间内能够稳定运行的最佳功率；而峰值功率是指电动机在短时间内能够达到的最大功率。一般来说，电动机的峰值功率是额定功率的 2～3 倍。

随着现代人们对轻量化的要求越来越高，电动机功率密度这一指标应运而生，即单位质量内电动机所输出的机械功率。在航空领域中，这个指标更是电动机选型或新研的重要参考。目前国内普遍在 1～3kW/kg 以内，世界先进水平在 6kW/kg 左右，全球最高标杆是 Enstroj 公司的 8kW/kg。此外，在多旋翼电动机的选型配置过程中，其输出功率应与实际应用的情况相匹配，遵循一定的选用适配原则，应尽量避免出现"大马拉小车"或"小马拉大车"的现象。

扭矩是衡量电动机加速能力的一个重要指标，也是决定电动机输出功率的一个重要因素，其计算公式为：

$$T = \frac{9549 \times P}{n} \tag{2-9}$$

式中，T 为电动机输出的扭矩；P 为电动机输出的功率；n 为电动机工作的转速。

按照不同的运转方式，电动机又可划分为外转子和内转子。其中，外部结构旋转的为外转子电动机，中间芯体旋转的为内转子电动机。由于外转子具有极数多，扭矩大，散热好等优点，因此目前小型多旋翼飞行器大部分选用外转子电动机。

图2-19　两种轻量化外转子电动机

（图片来源：bing 网站、emrax 网站）

转速是衡量电动机转动快慢的一个重要指标，也是决定电动机输出功率的一个重要因素。有如上式（2-9）可示，在功率一定的情况下，电动机的转速与扭矩成反比，也就是说，电动机转速越大，扭矩越小，反之则扭矩越大。

随着微小型无人机的兴起，人们对电动机的使用越来越广泛，电动机 KV 值这一参数被推广使用，即在空载的情况下，施加 1V 电压后电动机输出的转速值。在实际使用过程中，这个参数是一个固定值，低 KV 值电动机，由于转速较低，常适配大螺旋桨；而高 KV 值电动机，由于转速偏高，适用于小螺旋桨。

电压反映电动机输入电能的大小，是决定电动机输出转速的一个重要因素。由于电压可以随时调整变化，因而常被选定为控制变量，用于控制电动机的转速。但是，电动机也有其固有的额定电压和最大电压，即在额定电压的状态下，电动机的工作效率最高，而最大电压是电动机在短时间内所能允许的最大值。

电流也反映电动机输入电能的大小，是决定电动机输出转速的一个重要因素。通常，它与电压协同变化，因此它们一起用于控制电动机转速。当然，电动机也有其固有的空载电流和最大电流，即在空载的情况下，施加给定的电压，电动机试验测得的为空载电流，而最大电流是电动机在短时间内所能承受的最大值。

电调

电调，全称电子调速器，是一种控制电动机转速的装置。电调的工作原理为：从前端接收飞控板或接收机输出的控制信号，然后经内部的元器件转换处理，转变为控制电动机转速的电压信号输出。无刷电调具有电子换相功能，可以将直流电转换成交流电输出，从而为无刷电动机提供可用的驱动电源。此外，电调还具有一些其他的辅助功能，如为接收机供电、给电池提供低压保护等。

对于多旋翼无人机而言，在实际选配电调时，其电调的最大电压应大于或等于电池输出的最大电压，小于或等于电动机工作的最大电压，而电调的最大持续电流应小于或等于电池的持续输出电流，大于或等于电动机的持续工作电流。

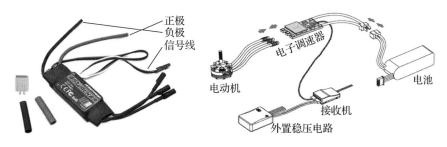

图2-20 好盈公司电调产品和电调接线示意图

（图片来源：bing 网站）

2.3.2　飞控系统

飞控系统主要用于保证飞行器的稳定性和操纵性，使飞行器平台在空中的飞行运动能够受到控制，大致相当于飞行器的"大脑"。对于多旋翼飞行器而言，飞控系统技术主要有建模坐标系、动力学模型和控制算法等。

建模坐标系

坐标系是定量描述物体位置和运动状态的基础。对于多旋翼飞行器来说，表征其状态的物理量有位置、速度、加速度、姿态角和角速度等，而涉及这些参数的坐标系有 ECEF 坐标系、WGS – 84 坐标系、NED 坐标系和机体坐标系。

ECEF 坐标系，又称地心地固坐标系，是一种以地球质心为原点，X 轴指向本初子午线与赤道的交点，Y 轴指向东经 90°与赤道的交点，Z 轴指向协议地球的北极而建立的坐标系。它常以 X，Y，Z 坐标来表示物体所在的空间位置。

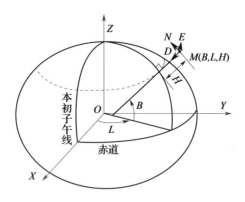

图 2 - 21　ECEF 空间直角坐标系、WGS – 84
坐标系和 NED 载机地理坐标系

WGS – 84 坐标系，也称世界大地坐标系，其原点、X 轴、Y 轴和 Z 轴与 ECEF 坐标系定义相同，只不过它用近似椭球体模型球面坐标表示物体所在的空间位置, 即目前广泛应用的 GPS 传感器输出的大地经纬高度坐标 (B, L, H)。

在相同的地心坐标系下, ECEF 空间直角坐标系与 WGS – 84 坐标系可以进行相互转换, 其详细的换算公式如下:

WGS – 84 坐标系转换为 ECEF 空间直角坐标系 (BLH – $>XYZ$):

$$\begin{bmatrix} X \\ Y \\ Z \end{bmatrix} = \begin{bmatrix} (N+H)\ \cos B\cos L \\ (N+H)\ \cos B\sin L \\ [N\ (1-e^2)+H]\sin B \end{bmatrix} \quad (2-10)$$

ECEF 空间直角坐标系转换为 WGS – 84 坐标系 (XYZ – $>BLH$):

$$\begin{bmatrix} L \\ B \\ H \end{bmatrix} = \begin{bmatrix} \tan^{-1}\left(\dfrac{Y}{X}\right) \\ \tan^{-1}\left(\dfrac{Z+e^2 b\ \sin^3\theta}{\sqrt{X^2+Y^2}-e^2 a\ \cos^3\theta}\right) \\ \dfrac{\sqrt{X^2+Y^2}}{\cos B}-N \end{bmatrix} \quad (2-11)$$

式中, N 为卯酉圈的半径, $N = \dfrac{a}{\sqrt{1-e^2\sin^2 B}}$; a 为地球椭球的长半轴; b 为地球椭球的短半轴, e 为地球椭球的偏心率, $e^2 = \dfrac{a^2-b^2}{b^2}$。

NED 坐标系, 即北东地坐标系, 也称载机地理坐标系, 是一种常用的导航坐标系, 其 X 轴指向地球北方, Y 轴指向地球东方, Z 轴指向地球质心。在实际导航飞行时, NED 坐标系应以 ECEF 坐标系为媒介, 再向 WGS – 84 坐标系转换迭代。

NED 载机地理坐标系转换成 ECEF 空间直角坐标系的旋转矩阵 $\boldsymbol{R}_N^E$ 为:

$$\boldsymbol{R}_N^E = \begin{bmatrix} -\sin B\cos L & -\sin L & -\cos B\cos L \\ -\sin B\sin L & \cos L & -\cos B\sin L \\ \cos B & 0 & -\sin B \end{bmatrix} \quad (2-12)$$

ECEF 空间直角坐标系转换成 NED 载机地理坐标系的旋转矩阵 $\boldsymbol{R}_E^N$ 为:

$$\boldsymbol{R}_E^N = \begin{bmatrix} -\sin B\cos L & -\sin B\sin L & \cos B \\ -\sin L & \cos L & 0 \\ -\cos B\cos L & -\cos B\sin L & -\sin B \end{bmatrix} \quad (2-13)$$

机体坐标系，是一种常用的惯性坐标系，其固定连接在飞行器平台上，原点位于飞行器质心，X 轴指向机头前方，Y 轴指向机身右方，Z 轴指向机身下方。在实际飞行控制过程中，机体坐标系常与 NED 载机地理坐标系进行相互转换。

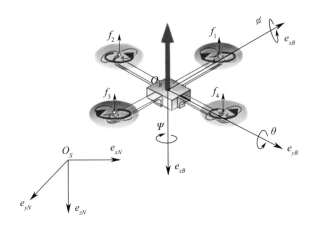

图 2-22　机体坐标系与 NED 载机地理坐标系示意图

（图片来源：bing 网站）

机体坐标系转换成 NED 载机地理坐标系的旋转矩阵为 $\boldsymbol{R}_B^N$：

$$\boldsymbol{R}_B^N = \begin{bmatrix} \cos\theta\cos\psi & \sin\varphi\sin\theta\cos\psi - \cos\varphi\sin\psi & \sin\varphi\sin\theta\cos\psi - \cos\varphi\sin\psi \\ \cos\theta\sin\psi & \sin\varphi\sin\theta\sin\psi + \cos\varphi\cos\psi & \cos\varphi\sin\theta\sin\psi - \sin\varphi\cos\psi \\ -\sin\theta & \sin\varphi\cos\theta & \cos\varphi\cos\theta \end{bmatrix} \quad (2-14)$$

NED 载机地理坐标系转换成机体坐标系的旋转矩阵 $\boldsymbol{R}_N^B$ 为：

$$\boldsymbol{R}_N^B = \begin{bmatrix} \cos\theta\cos\psi & \cos\theta\sin\psi & -\sin\theta \\ \sin\varphi\sin\theta\cos\psi - \cos\varphi\sin\psi & \sin\varphi\sin\theta\sin\psi + \cos\varphi\cos\psi & \sin\varphi\cos\theta \\ \cos\varphi\sin\theta\cos\psi + \sin\varphi\sin\psi & \cos\varphi\sin\theta\sin\psi - \sin\varphi\cos\psi & \cos\varphi\cos\theta \end{bmatrix} \quad (2-15)$$

式中，ψ 表示为航向角，以机头向右为正，θ 表示为俯仰角，以机头向上为正，φ 表示为横滚角，以机身右滚为正。

当 $\theta_1 = 0$ 或 $\theta_2 = 2\pi$ 时，$\boldsymbol{R}_N^B$ 旋转矩阵相同；而当 $\psi = \theta = \varphi = \dfrac{\pi}{2}$ 时，$\boldsymbol{R}_N^B$ 旋转矩阵发生奇异。也即，如果采用这个旋转矩阵变换处理控制信息，那么在控制回路中解算信息，其求逆解要么不唯一，要么不存在。某种程度上，这也说明这种变换处理的方式会造成控制信号传递失真或丢失。

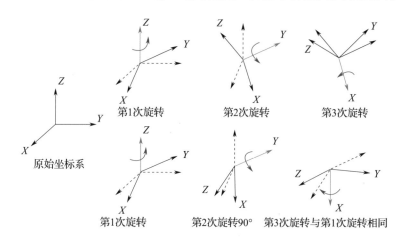

图2-23　欧拉角旋转出现万向锁现象

（图片来源：bing 网站）

为避免出现这类问题，科学家提出四元数法，对欧拉角进行变换处理，即在这个三维旋转矩阵上增加一维数据，然后进行归一化处理转换成只增加一个变量的形式，其详细公式变换如下所示。

用欧拉角表示四元数的公式为：

$$
\begin{bmatrix} q_0 \\ q_1 \\ q_2 \\ q_3 \end{bmatrix} = \begin{bmatrix} \cos\dfrac{\varphi}{2}\cos\dfrac{\theta}{2}\cos\dfrac{\psi}{2} + \sin\dfrac{\varphi}{2}\sin\dfrac{\theta}{2}\sin\dfrac{\psi}{2} \\[2mm] \sin\dfrac{\varphi}{2}\cos\dfrac{\theta}{2}\cos\dfrac{\psi}{2} - \cos\dfrac{\varphi}{2}\sin\dfrac{\theta}{2}\sin\dfrac{\psi}{2} \\[2mm] \cos\dfrac{\varphi}{2}\sin\dfrac{\theta}{2}\cos\dfrac{\psi}{2} + \sin\dfrac{\varphi}{2}\cos\dfrac{\theta}{2}\sin\dfrac{\psi}{2} \\[2mm] \cos\dfrac{\varphi}{2}\cos\dfrac{\theta}{2}\sin\dfrac{\psi}{2} - \sin\dfrac{\varphi}{2}\sin\dfrac{\theta}{2}\cos\dfrac{\psi}{2} \end{bmatrix} \quad (2-16)
$$

用四元数表示欧拉角的公式为：

$$
\begin{bmatrix} \varphi \\ \theta \\ \psi \end{bmatrix} = \begin{bmatrix} \tan^{-1}\left(\dfrac{2\,q_0 q_1 + 2\,q_2 q_3}{q_0^2 - q_1^2 - q_2^2 + q_3^2} \right) \\ \sin^{-1}\left(2\,q_0 q_2 - 2\,q_1 q_3 \right) \\ \tan^{-1}\left(\dfrac{2\,q_0 q_3 + 2\,q_1 q_2}{q_0^2 + q_1^2 - q_2^2 - q_3^2} \right) \end{bmatrix} \tag{2-17}
$$

动力学模型

动力学模型是物体实现控制的基础，主要描述物体受力与运动之间的关系。对于多旋翼飞行器而言，表征其物体运动状态的参数有位置 (x, y, z)、速度 (u, v, w)、加速度 $(\ddot{x}, \ddot{y}, \ddot{z})$、姿态角 (ψ, θ, φ)、角速度 $(\omega_x, \omega_y, \omega_z)$。

几乎所有的模型都是建立在一定的假设条件之上。毫不例外，多旋翼的动力学模型也是基于一系列假设前提。即假设多旋翼飞行器是刚体，其质心与形心重合，质量与转动惯量不变，机体的气动阻力不计，没有其他外部干扰等。

在机体坐标系下，四旋翼飞行器受到 4 个螺旋桨拉力，分别假设为 f_1、f_2、f_3 和 f_4，而在导航坐标系下，整机又受到重力作用。根据牛顿第二定律 $F = ma$，将整机受力统一换算至 NED 载机地理坐标系下，可计算出下式（2-18）。

$$
\begin{bmatrix} 0 \\ 0 \\ mg \end{bmatrix} - \boldsymbol{R}_B^N \begin{bmatrix} 0 \\ 0 \\ f_1 + f_2 + f_3 + f_4 \end{bmatrix} = m \begin{bmatrix} a_x \\ a_y \\ a_z \end{bmatrix} \tag{2-18}
$$

式中，g 为重力加速度；R_B^N 为机体坐标系到 NED 载机地理坐标系的变换矩阵；a_x、a_y 和 a_z 分别为导航坐标系下 x、y、z 方向的加速度。

以"十"字形四旋翼为例，参考图 2-22 坐标系示意，将式（2-14）

变换矩阵代入式（2-18）中，并将加速度写成位移的微分形式，可计算得出式（2-19）。

$$\begin{cases} m\ddot{x} = -(\cos\varphi\sin\theta\cos\psi + \sin\varphi\sin\psi)u_1 \\ m\ddot{y} = -(\cos\varphi\sin\theta\sin\psi - \sin\varphi\cos\psi)u_1 \\ m\ddot{z} = mg - \cos\varphi\cos\theta\, u_1 \end{cases} \quad (2-19)$$

式中，$\ddot{x}$、$\ddot{y}$、$\ddot{z}$ 分别为 NED 载机地理坐标系下 x、y、z 方向的加速度；u_1 为四个螺旋桨产生的总拉力，$u_1 = f_1 + f_2 + f_3 + f_4$。

由于螺旋桨中心与整机质心之间存在一定的距离，因此螺旋桨在产生拉力的同时也会给整机带来一定的力矩，其计算公式为 $M = F \times L$。将各个螺旋桨产生的拉力代入力矩公式，可计算求得下列方程式（2-20）。

$$\begin{bmatrix} M_x \\ M_y \\ M_z \end{bmatrix} = \begin{bmatrix} l(f_2 - f_4) \\ l(f_1 - f_3) \\ b(f_1 - f_2 - f_3 + f_4) \end{bmatrix} \quad (2-20)$$

式中，M_x、M_y、M_z 分别为整机在 x、y、z 轴上产生的力矩；l 为机体中心到螺旋桨中心的距离；b 为螺旋桨升力系数。

如果这些力矩不能够相互平衡，那么它们将使整机的姿态发生变化。

根据牛顿-欧拉方程，$M = J\varepsilon + \omega \times J\omega$（式中，$J$ 是惯量矩阵，$\begin{bmatrix} J_{xx} & 0 & 0 \\ 0 & J_{yy} & 0 \\ 0 & 0 & J_{zz} \end{bmatrix}$；

ε 是角加速度，$\begin{bmatrix} \ddot{\varphi} \\ \ddot{\theta} \\ \ddot{\psi} \end{bmatrix}$；$\omega$ 是角速度，$\begin{bmatrix} \dot{\varphi} \\ \dot{\theta} \\ \dot{\psi} \end{bmatrix}$。）将式（2-20）代入牛顿-欧

拉方程中，并将角速度和角加速度写成姿态角的微分形式，整理可求得下式（2-21）。

$$\begin{cases} J_{xx}\ddot{\varphi} = \dot{\theta}\dot{\psi}\left(J_{yy} - J_{zz}\right) + l\left(f_2 - f_4\right) \\ J_{yy}\ddot{\theta} = \dot{\varphi}\dot{\psi}\left(J_{zz} - J_{xx}\right) + l\left(f_1 - f_3\right) \\ J_{zz}\ddot{\psi} = \dot{\theta}\dot{\varphi}\left(J_{xx} - J_{zz}\right) + b\left(f_1 - f_2 + f_3 - f_4\right) \end{cases} \quad (2-21)$$

式中，J_{xx}、J_{yy}、J_{zz}分别为过定点绕 x、y、z 轴的转动惯量；$\ddot{\varphi}$、$\ddot{\theta}$、$\ddot{\psi}$分别为各姿态角的角加速度；$\dot{\varphi}$、$\dot{\theta}$、$\dot{\psi}$分别为各姿态角的角速度；l 为机体中心到螺旋桨中心的距离；b 为螺旋桨升力系数。

$$I_{11} = I_{xx} = \sum_{k=1}^{N} m_k\left(y_k^2 + z_k^2\right) \qquad I_{12} = I_{21} = I_{xy} = -\sum_{k=1}^{N} m_k x_k y_k$$

$$I_{22} = I_{yy} = \sum_{k=1}^{N} m_k\left(x_k^2 + z_k^2\right) \qquad I_{13} = I_{31} = I_{zz} = -\sum_{k=1}^{N} m_k x_k z_k$$

$$I_{33} = I_{zz} = \sum_{k=1}^{N} m_k\left(x_k^2 + y_k^2\right) \qquad I_{23} = I_{32} = I_{yz} = -\sum_{k=1}^{N} m_k y_k z_k$$

图 2-24 惯量矩阵中各转动惯量的计算公式汇总

（公式来源：刘鸿文《材料力学》）

在实际飞行操控过程中，多旋翼飞行器的飞行控制为四通道模式，其控制变量有油门拉力 u_1、横滚力矩 u_2、俯仰力矩 u_3 和偏航力矩 u_4。基于其字面上的定义，根据拉力和力矩公式，可分别计算出 u_1、u_2、u_3、u_4，详如下式（2-22）。

$$\begin{cases} u_1 = b\left(\Omega_1^2 + \Omega_2^2 + \Omega_3^2 + \Omega_4^2\right) \\ u_2 = bl\left(\Omega_2^2 - \Omega_4^2\right) \\ u_3 = bl\left(\Omega_1^2 - \Omega_3^2\right) \\ u_4 = d\left(\Omega_1^2 - \Omega_2^2 + \Omega_3^2 - \Omega_4^2\right) \end{cases} \quad (2-22)$$

式中，Ω_1、Ω_2、Ω_3、Ω_4分别为各个标号螺旋桨的转速；l 为机体中心到螺旋桨中心的距离；b 为螺旋桨升力系数；d 为空气阻力系数。

综合上述，联立式（2-19）、式（2-21）和式（2-22），通过计算整理可求得，四旋翼飞行器六自由度的非线性动力学方程：

$$\begin{cases} \ddot{x} = -(\cos\varphi\sin\theta\cos\psi + \sin\varphi\sin\psi)\dfrac{1}{m}u_1 \\[2mm] \ddot{y} = -(\cos\varphi\sin\theta\sin\psi - \sin\varphi\cos\psi)\dfrac{1}{m}u_1 \\[2mm] \ddot{z} = g - (\cos\varphi\cos\theta)\dfrac{1}{m}u_1 \\[2mm] \ddot{\varphi} = \dot{\theta}\dot{\psi}\left(\dfrac{I_y - I_z}{I_x}\right) - \dfrac{J_r}{I_x}\dot{\theta}\Omega + \dfrac{l}{I_x}u_2 \\[2mm] \ddot{\theta} = \dot{\varphi}\dot{\psi}\left(\dfrac{I_z - I_x}{I_y}\right) - \dfrac{J_r}{I_y}\dot{\theta}\Omega + \dfrac{l}{I_y}u_3 \\[2mm] \ddot{\psi} = \dot{\theta}\dot{\varphi}\left(\dfrac{I_x - I_y}{I_z}\right) + \dfrac{l}{I_z}u_4 \end{cases} \qquad (2-23)$$

式中，I_x、I_y、I_z分别表示为过定点绕 x、y、z 轴的转动惯量；J_r为绕质心轴的总转动惯量；Ω 为四个螺旋桨产生的角速度矢量和，$\Omega = -\Omega_1 + \Omega_2 - \Omega_3 + \Omega_4$。

控制算法

控制算法是飞控系统的核心，是决定飞行器飞行和操控品质的重要因素。就目前多旋翼无人机而言，主要的飞行控制算法有 PID 控制算法、LQR 控制算法、滑模控制算法、反步控制算法和鲁棒控制算法。

PID 控制算法是一种最简单的经典控制算法，也是目前应用最广泛的一种控制算法。PID，即 Proportion 比例、Integral 积分和 Derivative 微分。常规 PID 控制器是一种线性控制器，其控制原理如下图所示。其中，比例环节在被控对象现状与目标存在差距时发挥比例调节作用；微分环节在被控对象现状接近目标时发挥趋势判断作用；积分环节在比例和微分调节达到预设目标时发挥误差纠偏作用。目前它成功应用于多旋翼飞行器的悬停、定高及航迹等控制，但是整个系统的鲁棒性差，容易受外界干扰的影响，比如悬停时被风吹就难于保持稳定。

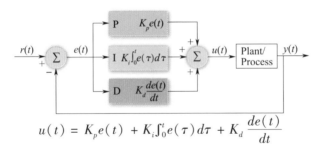

$$u(t) = K_p e(t) + K_i \int_0^t e(\tau) d\tau + K_d \frac{de(t)}{dt}$$

图 2-25　PID 控制原理示意图

LQR（Linear Quadratic Regulator），即线性二次型调节器，也是现代控制理论中较为经典的控制算法，其设计的目标是寻找状态反馈控制器 K，使得二次型目标函数 J 取最小值，其控制原理如图所示。将 $u = -Kx$ 代入公式中，基于目标函数 J 的最小极值，便可求解出矩阵 K。下面公式中，x 为状态量，u 为控制量，Q 为状态权重矩阵，R 为控制权重矩阵，A、B 为模型参数矩阵。利用这种控制算法，多旋翼无人机可以成功实现位置和姿态的控制。但是，在大机动飞行等非线性情况下，其控制效果较差，容易受到数学模型的准确性影响。

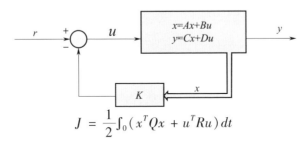

$$J = \frac{1}{2} \int_0 (x^T Q x + u^T R u) dt$$

图 2-26　LQR 控制原理示意图

滑模控制，也称变结构控制，是一种特殊的非线性控制，其控制表现为控制的不连续性。它采用控制切换原则，基于系统实时的状态不断切换控制量，以使系统状态在预设的滑模面上运动至期望平衡点，进而实现对整个系统的控制。这种控制具有很强的鲁棒性、抗干扰能力强、响应速度快，在多旋翼飞行器位姿（位置姿态）仿真试验中应用效果明显，但是在实物平台上使用较少，仍有待调整适用。

反步法是一种基于模型的控制方法，它控制的是模型中的状态量和输入量。它的主要思想是将复杂的非线性系统分解成不超过系统阶数的子系统，然后为每一个子系统设计 Lyapunov 函数和中间虚拟控制量，由低阶向高阶递推进行虚拟控制量的设计，最后集成形成整个控制律的设计。它既适用于线性系统，也适用于非线性系统，现已成功应用于四旋翼的位姿控制及路径跟踪。

鲁棒控制是一种针对不确定性对象而提出的控制方法，主要理论有 H∞ 控制理论、Kharitonov 区间理论和 μ 理论。这种控制算法无须精确的数学模型，比较容易实现，常与其他算法联合使用，提高控制系统的鲁棒性。以某型多旋翼无人机为例，对于容易控制的线性部分，它采用 PID 控制算法，而对不易控制的非线性或不确定部分，它引入鲁棒控制算法，其控制原理如图所示。

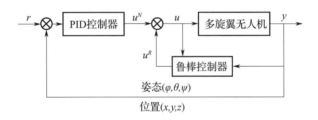

图 2-27　多旋翼无人机 PID 控制器与鲁棒控制器互补应用

2.3.3　感知系统

感知系统主要提供物体内外部状态信息，是决策控制的前提，使飞行器平台在空中的飞行控制能够更加精确，大致相当于飞行器的"感知器官"。对于多旋翼无人机而言，感知系统技术主要包括传感器、数据融合和状态控制等。

传感器

传感器是一种检测装置，能够感知外界被测信息，并将被测信息转换成可用信号的形式输出。对于多旋翼无人机来说，其实时的状态信息有 3 个位置量、3 个速度、3 个加速度、3 个姿态角和 3 个角速度，而获取这些状态信息的传感器需要有 GPS 传感器、气压高度计、超声波传感器、视觉里程计、IMU 模块等。

GPS（Global Positioning System），是一种接收 GPS 信号并可以给出空间位置的传感器，民用定位精度在 10 ~ 20m 之间。GPS 模块可以反馈物体的绝对位置信息——大地经纬度，其定位原理是三角定位法，具体如图所示。

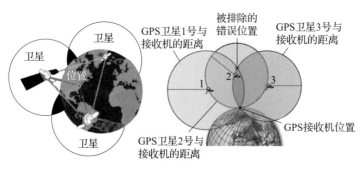

图 2 - 28　GPS 模块传感器的定位原理图
（图片来源：bing 网站）

例如，安装在无人机上的 GPS 模块，它可以接收卫星信号的时间，而后再基于运动方程 $s = vt$（v 为真空光速），便可算出无人机到卫星的距离。详细计算过程为，假设 GPS 模块测得其与 1 号、3 号两颗卫星之间的距离，其与这两颗卫星的测算距离球体相交成一片区域——蓝绿相交区域，此时如果再测得它与 2 号卫星之间的距离，就可以精确地计算出它的绝对位置——红绿蓝相交点。

GPS 模块，虽然可以通过差分 GPS 技术提高定位精度，将其定位精度由十米级提升至米级，但是其容易受到物体遮挡或反射的影响。一旦

GPS 信号被物体遮挡或反射，其信号将会变弱或丢失，进而造成定位误差。此外，由于 GPS 定位频率为 10Hz，即 100ms 定位一次，因此对于高速运动的物体，其定位实时性也比较差。

为了弥补 GPS 传感器应用的局限性，多旋翼无人机常引入气压高度计、超声波传感器和视觉里程计等，以增强其在复杂场景下的精确定位。

气压高度计，是一种测量物体海拔高度的传感器，测量精度在 5m 左右。它利用气压与高度的关系，即公式 $P = P_0 \left(1 - \dfrac{H}{44300} \right)^{5.526}$（$P_0$ 为常数），通过测得的大气压力，便可算出海拔高度。MEMS 气压计具有精度高、反应灵敏、功耗低等优点，但是容易受到气流和天气条件的影响。

此外，由于 MEMS 气压计测得的是绝对高度，不同地方的大气温度和湿度等不尽相同，因此需对其进行标定使用。当 GPS 信号较弱时，它可以补偿 GPS 传感器使用，提升其高度的定位精度。

超声波传感器，是一种测量物体间距离的传感器，测量精度可达厘米数量级。它利用超声波碰到杂质或界面会产生反射的特性，即传感器发射一定频率的超声波，其信号遇到障碍物会立即发生反射，且传感器可接收到反射信号。根据运动方程 $s = \dfrac{v\Delta t}{2}$（v 为常数，Δt 为超声波发射到接收的间隔时间），便可算出物体与目标障碍物的距离。

MEMS 超声波传感器具有方向性好、穿透能力强、绕射现象小等优点，但是测量距离短。它常作为 GPS 传感器和气压高度计的补充，测量物体近地高度或近物距离，用于位置跟踪和障碍物避障等功能。

视觉里程计，是一种测量物体位置和运动方向的传感器，主要有单目视觉、双目视觉和立体视觉三类。它首先采用相机拍照将其周围三维空间信息转变为二维图像，然后对这些图像进行分析处理提取特征点，再根据时间序列图像对其特征点进行匹配，将这些特征点还原成三维信息，最后通过智能算法估算物体的位置和姿态。

视觉里程计具有定位精度高、适用场景广等优点，但是存在累积误差。在没有 GPS 信号的地方，它可以精确定位相对位置和方向，因此在室内空间范围内，它作为 GPS 传感器的补偿，可用于室内导航定位。

IMU（Inertial Measurement Unit），即惯性测量单元，是一种测量物体角速度和加速度的传感器。一般来说，IMU 模块包括三轴陀螺仪、三轴加速度计和三轴磁力计。它们可以实时反馈物体的全姿态信息，其测量原理如下所述。

陀螺仪，是一种测量物体角速度的传感器。目前，陀螺仪主要有微机械陀螺仪、光纤陀螺仪和激光陀螺仪三类。其中，微机械陀螺仪，又称 MEMS 陀螺仪，是 IMU 模块中常用的器件。它利用科氏力效应，当物体沿某个方向做周期性运动时，且其所在平面也在做旋转运动，该物体就会受到一个垂直平面的法向科氏力。根据科氏力计算公式 $F = 2m(v \times \omega)$（m、v 为常数），当传感器测得该物体的科氏力或科氏加速度时，代入计算式便可求得其法向的旋转角速度。

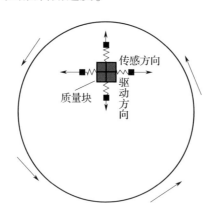

图 2-29　MEMS 陀螺仪测量角速度的工作原理图

MEMS 陀螺仪具有体积小、成本低、可靠性高等优点，但是随机漂移误差大，测量精度低。由于 MEMS 陀螺仪存在零偏误差，即在不同状态下的零偏不尽相同，使得由其积分而计算的姿态角会产生较大的累积误差，因此在多旋翼无人机平台中常引入磁力计等传感器，对其累积误差进行校正处理。

加速度计，是一种测量物体线加速度的传感器，主要有电容式、压阻式和压电式。电容式加速度计，又称容感式加速度计，它利用牛顿第二定律，当质量块受到竖直方向的惯性作用时，其与上下电极之间的电容就会发生变化。在弹簧质量阻尼系统中，由公式 $a = k \dfrac{d_0}{2mc_0} \Delta c$（$k$、$d_0$、$m$、$c_0$ 为常数）可知，当传感器测得电容前后变化的差值，就可计算出其竖直方向的加速度。

MEMS 加速度计具有重量轻、偏移小、功耗低等优点，但是零位偏移大，存在非线性误差。由于 MEMS 加速度计在短时间内信号噪声较大而长时间测量较为准确，而 MEMS 陀螺仪在短时间内较为准确而长时间内存在累积误差，因此这两类传感器经常一起互补使用，组成集成在单个 IMU 模块中，相互校正补偿。

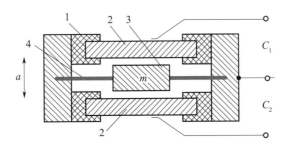

图 2-30 MEMS 加速度计测量线加速度的工作原理图

1—绝缘体 2—固定电极 3—质量块 4—弹簧片

磁力计，又称电子罗盘，是一种测量物体周围环境磁场强度的传感器。它利用各向异性磁致电阻材料能将磁场强度转换成电信号的特性，即当外界磁场强度发生变化时，会引起该材料的电阻值变化。在惠斯通电桥中，由公式 $\Delta v = \dfrac{\Delta R}{R}$（$R$ 为常数）可知，当传感器测得电压的变化值，就可计算出该材料的电阻变化值，再根据这种材料磁阻变化值与磁场角度在 45° 附近呈近似线性相关的特性，便可求得物体周围环境的磁场强度，进而知道其相对于地球的方位角。

MEMS 磁力计具有反应灵敏、精度高、功耗低等优点，但是容易受到外界电磁信号干扰的影响。MEMS 磁力计能够实时修正测量的方位角，不会产生累积误差，这一特点使它可用于校正一些存在累积误差的传感器，如陀螺仪。

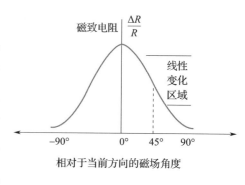

图 2-31 磁致电阻材料的电磁特性示意图

数据融合

数据融合，又称信息融合，是指利用融合算法对多源传感器测得的信息进行分析处理，以获得更高精度的过程。基于不同结构的处理层次，它可将数据融合划分为三类，即像素层数据融合、特征层数据融合和决策层数据融合。

像素层数据融合是指对各个传感器的原始观测数据进行统计分析。它具有原始数据保存完整性好、数据之间关联性强等优点，但是数据运算量大，系统解算时间长。常用的融合算法有加权平均法、卡尔曼滤波法和贝叶斯估计法。

特征层数据融合是指对从原始数据中提取的特征向量进行分析处理。它具有数据运算量少、系统实时性强等优点，但是仅提取特征的数据，会丢失部分有用的信息，降低了系统的精度。常用的融合算法有遗传算法和搜索树法。

决策层数据融合是指针对观测同一目标的不同类型传感器，在它们各自完成信息预处理、特征提取和对目标识别判断后，进行关联分析处理，最后给出判定结果的过程。它具有容错能力强、数据运算量少、系统实时性强等优点，但是传感器种类多、硬件成本高。常用的融合算法有投票表决法、贝叶斯法。

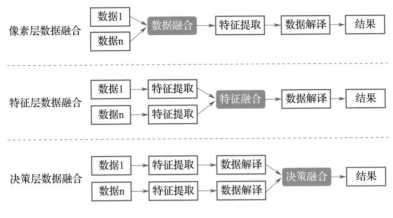

图 2-32 数据融合三个层次的结构示意图

以某小型多旋翼无人机姿态信息感知为例，其系统中应用的数据融合算法主要有梯度下降法、互补滤波算法和卡尔曼滤波法。

梯度下降法，又称最速下降法，是一种典型的数值计算方法，可用于获得局部最优解。其基本思想是以目标函数的负梯度方向作为搜索方向，通过迭代手段使目标函数不断减少，直至逼近局部的最小值。它具有实现简单、运算量小和收敛速度快等优点，但是其解不能保证是全局的最优解。它常用于融合三轴陀螺仪、三轴加速度计和三轴磁力计的数据，进而得到准确的姿态角数据。

互补滤波算法是指结合多组数据互补进行滤波处理，而后稳定输出结果的算法。其主要思想是从频域上区分不同传感器在测量中存在的噪声信号和有效信号，再根据噪声的特性选择互补滤波器分别去除相应的噪声信号。针对陀螺仪短时间内精度高而长时间内存在累积误差，加速度计和磁力计长时间内较为准确而短时间内易受外界干扰影响的特性，选择互补滤波器对陀螺仪过滤低频信号，对加速度计、磁力计过滤高频信号，进而得到完整精确的姿态信息。

卡尔曼滤波法是一种利用线性系统状态方程，通过系统输入输出观测数据，对系统状态进行最优估计的算法。其核心思想是以 $K-1$ 时刻最优

估计 X_{k-1} 为准，预测 K 时刻的状态变量 $X_{k/k-1}$，同时对该状态进行观测，再以观测值 Z_k 对预测值进行修正，从而得到 K 时刻的最优状态估计 X_k。针对 IMU 模块中的惯性测量单元，它可以实时进行动态估计，进而有效抑制姿态误差的发散。

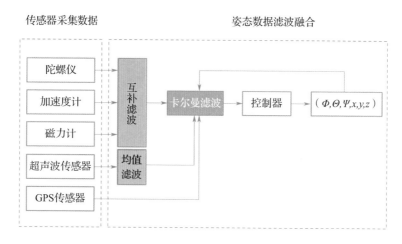

图 2-33　多源传感器的数据融合示例

状态控制

状态控制是以感知数据为信源基础，控制模型为底层逻辑，而为动力系统提供控制决策的依据。它使感知系统与动力系统、飞控系统形成有机统一的整体。以小型多旋翼无人机为例，其主要包括姿态控制、高度控制和位置控制。

由下图可知，飞行控制模块是多旋翼无人机硬件的核心。各类传感器通过采集数据为飞控系统提供整机的内外部状态信息；地面站、遥控器通过无线网络为飞控系统传输外部的控制指令信息；电调、电动机通过解调信号执行飞控系统输出的控制指令信息。此外，电池为整个系统的运作提供动力能源。

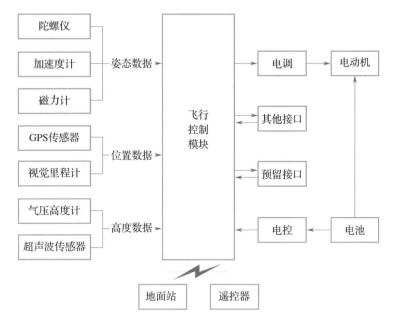

图2-34　某小型多旋翼无人机的总体硬件框图

从下图可以看出，多旋翼无人机的总体控制分为内外环控制。姿态控制属于内环控制，通过控制速度实现对位置的控制。高度、水平位置控制属于外环控制，通过控制位置实现对速度的控制。它们俩相互协同、相互校正，不断融合迭代反馈最新控制数据，进而不断提高其在空中飞行的控制稳定性。

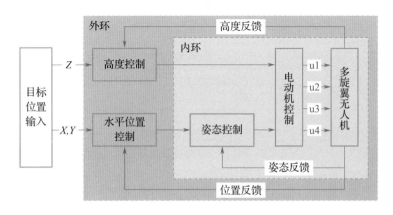

图2-35　某小型多旋翼无人机的总体控制框图

姿态控制是多旋翼无人机稳定控制的基础，实现其他各种任务飞行的前提。姿态控制通过感知系统的陀螺仪、加速度计和磁力计获得姿态角速度，再经数据融合算法分析处理得到姿态角数据并反馈给姿态控制器，最后通过控制调节电机末端输出的转速，进而实现对其横滚、俯仰和偏航姿态的控制。

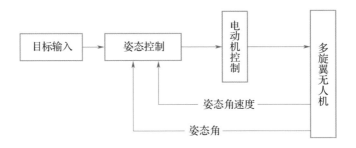

图2-36　某小型多旋翼无人机的姿态控制框图

高度控制是多旋翼无人机一个独立的控制通道，是实现垂直起降功能特性的底层逻辑。高度控制通过感知系统的 GPS 传感器、视觉里程计、气压高度计、超声波传感器获得高向距离数据，也可通过内环姿态控制解算出高向距离数据，最后通过数据融合算法对比分析处理，进而实现对其高度的控制。

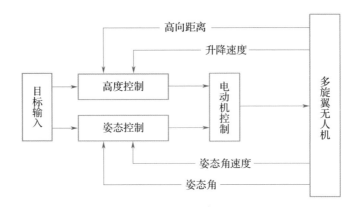

图2-37　某小型多旋翼无人机的高度控制框图

位置控制是多旋翼无人机导航飞行的基础，融合了水平位置控制、高度控制和姿态控制的全部功能。位置控制通过感知系统的 GPS 传感器、视觉里程计、气压高度计、超声波传感器和惯性测量单元，可以直接或间接获取所有的状态信息，再通过内外环控制的协同作用，使其逐步趋近目标输入的位置。

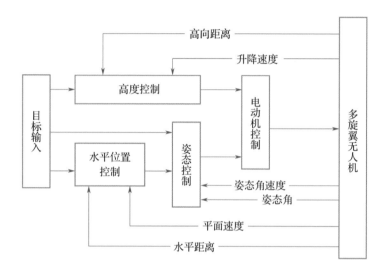

图 2-38　某小型多旋翼无人机的位置控制框图

第三章

人文之善

多旋翼飞行器设计
与应用延伸

爱因斯坦说："没有人文的科学是跛脚的，没有科学的人文是盲目的。"没有人文的科学是残缺的科学，因为科学它不带有任何感情色彩，在探求真理的过程中，不能保证其研究方向是否正确。人文，它追求的是满足人类社会需要的终极关怀，带有强烈的感情色彩，其价值导向是与人为善。然而，没有科学的人文就像无源之水、无本之木，不能解放和发展社会生产力，难以满足人类社会日益发展的需要。人文与科学，虽然它们存在不同的表述内涵，但是它们之间有着必然的内在联系，即最终都面向人类社会发展需要。人文与科学，它们可以相互融合、互为补充，共同促进人类社会历史不断地向前发展。

"人文"一词最早可以追溯到《易经》，著述为"观乎天文以察时变，观乎人文以化成天下"，历来学者将其解释为礼乐教化。近代的"人文"是一个舶来品，起源于欧洲文艺复兴时期，是人文主义"humanism"的近译，它提倡以人为本，强调维护人性尊严，反对暴力和歧视。现代《辞海》

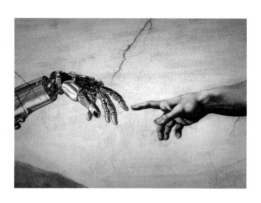

图3-1　科技与人文携手融合
（素材来源：极客视界搜狐网文章）

解释为："人文是指人类社会的各种文化现象"。如今，人文上升为人类文化中的先进的、科学的、优秀的、健康的部分，集中体现是重视人、尊重人、关心人、爱护人。

近年来，随着科学技术的不断进步，科技几乎渗透到我们生活的方方面面，以至于我们似乎进入了一个被科技主导的理性社会。利用物联网技术，我们可以远程控制智能家居的开关；采用人工智能技术，我们可以在公路上自动驾驶汽车。然而，世界仍然难以避免瘟疫或疾病，局部依然存在贫穷落后的地区，甚至可能遭遇各种极端气候的灾难。不论科技有多么强大，也难以解决人类所有的社会问题。

当科技能够制造炸弹时，是人文约束让它有条件引爆。当科技能够制造汽车时，是人文规范让它文明出行。当科技能够制造飞机时，是人文法律让它规范运营。明显，科技创新能够大力推动生产力的发展，但是通过人文关怀的引导可以让科技更好地服务于人类社会生活。

人文的核心要素是人，即尊重人的价值体现，其基本的价值取向是为善。但是，如果我们片面地追求人文，忽视科学技术的发展，那么人类社会的发展将停滞不前。回到原始社会，我们可能还停留在衣不蔽体、茹毛饮血、食不果腹的阶段。晚清时期，我们以为物阜民丰、歌舞升平是一片天地祥和的景象，可是在西方的坚船利炮面前，巨大的战力差距曾让我们一败涂地。显然，缺乏科学的人文，极有可能禁锢人的思想，使得难以释放出先进的生产力。

毫无疑问，在贫穷落后时期，科学技术发展是国家图强致富的重要途径。如今，在高新科技大力发展的背景下，各种伦理道德问题屡见不鲜，人文关怀更值得我们关注。在科技研究过程中，人们更应注重人文关怀，更强调人文价值。为此，在多旋翼飞行器研制过程中，研发人员必须思考其设计理念如何，想在用户心中传递怎样的整体形象？其研制的初衷为何，想为客户创造哪些应用价值？其研制的产品怎样，能给客户带来哪些友好的用户体验？

3.1　设计理念

设计理念是指研发人员赋予产品的文化内涵或风格特点。商业界认为，消费类产品一旦形成行业竞争格局，性价比策略几乎很难再掀市场波澜，差异化设计理念成为企业产品赢得市场的关键，参考的有智能化、人性化和个性化。

3.1.1　智能化

智能化是指事物在计算机、物联网和人工智能等技术的支持下，所具有能够满足人类各种需求的属性。智能化的本质是提高工作效率，降低工作负荷，让人可以从机械的、重复的和繁琐的劳务工作中解脱出来。

近年来，随着微电子、传感器和人工智能等技术的不断发展，智能化已广泛应用于我们日常生活。智能手机可以快速完成移动支付，智能厨电（厨房电器）可以远程完成烹饪餐食，智能汽车可以自动完成入库停车。对于习惯了智能生活的新生代们来说，如果还秉持原来的设计理念，采用机械式的操作设计，那么就得迫使他们重返老旧的生活方式，这显然是一种"反人类"的设计做法。站在新生代的立场，智能化是他们的内在需求，也是他们的必然追求。因此，对于消费类多旋翼飞行器而言，其设计理念也必须与时俱进，走向智能化的发展道路。

针对多旋翼飞行器的研发设计，智能化技术可以应用在哪些方面呢？从经验来看，大部分智能化技术都源自产品在实际应用过程中提出的解决方案，是一种由下而上产生的提案设计，而不是自上而下的拍脑袋臆想。因此，在实际使用过程中，对于那些在工作中有规律的、重复的或有难度的劳作，我们可以适时考虑引入智能化设计方案，比如平台的飞行任务和机载的操作任务。

飞行任务是飞行器空中飞行的一项必要工作内容。一般认为，一个典型的飞行任务剖面应包括起飞、爬升、悬停、巡航、降落和着陆六个阶段。然而，对于多旋翼无人机而言，这些飞行任务大部分都是程序性的操作控制。因此，提炼这些程序性的操作控制，将其简化转变为程序算法，内嵌植入飞行程序，便可大幅降低产品程序性的操作，有效提升产品的用户体验，比如一键起飞、一键悬停、一键返航、姿态保持、定高飞行、定速巡航等。

现实中，植入定点回转、动态跟踪和自主避障等智能算法的消费级无人机，可以大幅降低产品的操控难度，提升用户的娱乐体验；而植入自主导航、航线自主规划等智能算法的工业级无人机，可以大幅降低人工的操作负荷，提高产品的工作效率。

作为一类广泛应用的载机平台，机载任务是其行业应用的一项必选工作内容。对于航拍机而言，它不仅需要平台稳定飞行的能力，还需平台配合相机进行对焦拍照。在操控有时延的情况下，想要直接抓拍高质量的照片，那基本是不可能完成的任务。但是，提取平台飞行和相机视觉等关键参数，对它们进行智能匹配融合，再写入图片处理智能算法，便可得到高清的影像资源。针对农林植保多旋翼无人机，将航路规划与喷嘴喷洒等主要参数进行智能匹配，便可大幅提高其工作效率。总而言之，针对载机类多旋翼，基于不同的应用场景需求，智能融合平台飞行性能与机载任务功能，可有效提高机载任务的工作效率。

此外，作为世界两大航空巨头波音和空客公司，它们虽然在技术标准上经常交叉许可引用，但是在设计理念上也有着截然不同的做法。对于自动驾驶技术，波音公司认为飞行员有最高决策权，它会将所有的数据都告诉飞行员，再由飞行员自行决策控制；而空客公司认为人是有可能会犯错的，更注重飞行控制系统的自动化程序，由系统在后台运行自动控制，以降低人为差错的发生概率。

自动驾驶是一种智能化驾驶技术，能够让飞行员从繁重的飞行任务中脱离出来。虽然它们两家公司都应用了这种先进技术，但是在不同的设计理念指导下，其设计形式不尽相同。也就是说，即使在大理念相同的背景下，细分理念的差异引导，也可能使产品的最终设计样式形成显著的差异化风格特征。

智能化是电子产品未来发展的必然趋势。同智能手机、智能家电和电动汽车一样，多旋翼飞行器也是一类新兴的电子产品，这就意味着它可以被写入更多的智能算法。不论是将其开发为消费级产品，还是把它应用在工业领域中，智能化是它与人类最好的相处方式，也是人类最容易接受的快捷方式。

3.1.2　人性化

人性是指在一定社会历史条件下形成的人的本性，包括自然属性和社会属性。对于产品设计而言，人性化是指以人为本的设计，让技术与人的关系保持协调统一，使技术的发展紧紧地围绕人的生理需求和心理需求而展开。

近年来，随着物质生活水平的不断提高，人们对产品的设计要求越来越高，越来越追求人性化的用户体验。智能手机，它采用触控技术进行人机交互，比传统的按键操作更加方便。智能音箱，它采用语音技术进行人机交互，比实体接触式的操作更加自然。电动汽车，它采用智能技术进行自动驾驶，比传统的手动驾驶更加轻松。明显，这只是现实中常见的人性化技术设计案例。

然而，针对多旋翼飞行器的研发设计，其人性化设计理念该如何渗透应用呢？怎样才能赋予它更多的人性化技术特征呢？回归人性化设计本源，人性化设计是指产品在技术特征上应充分表现理解人、尊重人和关心人的设计细节。

知是行之始，行是知之成。理解人是人性化设计的基础前提。作为一种特殊的生物体，在不同的年龄阶段、地域环境或行业背景下，人往往表现出不同的生理和心理特征。人机工程学正是这样一门学科，研究人体测量学、生理学和认知心理学等多个学科交叉领域，并取得了一定的研究成果。从这些研究成果中，我们既可以看到人体的共性特征，也可以发现人性的差异方面。

从人体测量学中，我们可以知道人在立、坐、跪、卧、爬等不同姿势下的人体尺寸数据。基于认知心理学研究，我们可以知道人的注意、知觉、表象、记忆、思维、言语等认知过程的心理变化。此外，基于人体生物力学研究，我们还可以知道人体的生物力学模型和施力特征。总之，通过学习人体工程学知识，我们可以从各个不同方面认识理解目标用户群体的生理和心理特征。

己所不欲，勿施于人。尊重人是人性化设计的重要举措。在产品研发设计过程中，基于人的特性而开展相应满足人性需求的设计是尊重人的具体实践。根据人的视觉机能及其特征，可以确定人眼最佳视区的显示信息，比如布置与飞行安全密切相关的姿态信息。根据人的认知行为及其特征，可以确定系统页面显示的逻辑层级，比如页面显示层级尽量不要超过三级。此外，考虑到人为差错发生的可能性，在应急情况下的处置操作，还应考虑防差错设计。

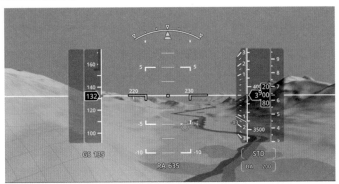

图3-2　某型号飞行器主页面示意图

（素材来源：thales 官网）

诚然人机工程学提炼了人的各种生理和心理特征数据，但是由于实际产品是在有限的条件资源下开展研发设计，因此产品的人性化设计不可能满足人的所有需求，必须做出综合权衡折中妥协。或最大化满足人性需求的边界，或最小化满足特定群体的需求。总而言之，尊重人是理解人的基础上而做出的实践解答，即尊重人都具有的普遍规律特征，尊重大多数人都是普通人的事实。

穷则独善其身，达则兼济天下。关心人是人性化设计的终极追求。随着多旋翼飞行器的不断应用拓展，其用户群体变得越来越广泛，由少数的极客爱好者逐步转变为大众消费者。然而，在这些目标用户群体中，他们可能是普通的男女老少，具有不同的性别年龄，也可能来自不同的疆域民族，拥有不同的习俗禁忌。因此，关心人必须面对更为广泛的受众，更多层次的需求。

站在终极关怀的角度上，人性化设计必须降低用户使用的准入门槛，做到小孩都能轻松上手的应用；减少用户学习的时间成本，使得用户自然本能地就可以学会使用；关爱不同层次人的需求，使设计形式满足不同群体的需求。总的来说，关心人就是在产品的内容上，扩大群体需求的边界，尽量做到无差别的对待；而在产品的形式上，基于群体需求的差异，尽量做到差异化的满足。

人性化设计是产品人文关怀的重要体现。它是产品走近人们现实生活的一种途径，也是产品面向广阔市场发展的必然要求。现代多旋翼构型飞行器，不论是将其开发为民用产品，还是把它应用在军用领域中，植入更多的人性化设计元素，它将变得更有情感温度，给更多的人带来更好的用户体验。

3.1.3　个性化

个性是指个人比较稳定的心理特性，包括先天遗传和后天形成的特质，主要表现在思想、性格、情感、兴趣、爱好等方面。对于产品设计来说，个性化是指产品为满足不同的需求或服务而设计成不同特征的过程或结果。

近年来，随着社会物质财富的不断增长，物质资源开始不再稀缺，甚至部分产品出现产能过剩，使得传统经济由卖方市场转变为买方市场。在买方市场中，是用户的需求主导整个产品市场的运行规律。越来越广泛的买方用户群体，为市场提出越来越多的个性化需求，使得产品必须注重个性化设计。

目前，在细分市场航拍领域中，多旋翼无人机产品基本处于饱和状态，甚至局部出现严重的同质化竞争。在竞争激烈的买方市场中，虽然正常有序的商业竞争有利于产品做强做优，但是恶性的竞争会扰乱市场的正常运行秩序，不利于产品市场的生态发展。

然而，想要超越常规的竞争业态，航拍机设计必须面向终端用户，深入挖掘他们的内在个性需求，再转化成个性化的技术特征，进而扩大终端产品市场的增量需求。没有饱和的市场，只有饱和的思想。针对那些面向个人消费市场的产品，商家可以在形式上大做文章，或设计不同的外观造型，或提供不同的功能模块，或支持不同的服务方案。

萝卜青菜，各有所爱。由于眼睛长在耳朵前面，视觉是人的第一感官，因此着力产品外观造型设计是满足市场用户个性化追求的首要关键。针对同一类直升机产品，不同的造型风格会给用户带来不同的视觉冲击。有人喜欢流线型的民用直升机 AW 系列，也有人喜欢线条硬朗的武装直升机阿帕奇。诚然不同的造型会影响航空产品的气动性能，但是在重量相当的同一类平台，其气动性能总体差异不大。此外，消费类多旋翼飞行器还可以在装饰细节或主题颜色上下功夫，比如在机身结构上设计不同的点缀装饰，在交互界面上配置不同的风格主题。

能者多劳，兼容并包。多功能设计是产品面向应用市场发展的必然要

图3-3　AW169和AH64D直升机外观造型对比

（素材来源：bing网站）

求。当多旋翼无人机产品在市场火热大卖时，人们总是希望它们更加强大，拥有更多的功能，兼容更多的平台。例如，在程序中内置一键起飞、一键悬停和一键返航等功能，或使载机平台兼容不同厂家、不同类型的软硬件等模块。当然，如果产品在前端开放了通用的接口标准，那么用户在后端也可自行配置组合模块，或挂载不同的相机、传感器和农药存储箱等，以满足不同用户对机载任务功能的需求。诚然功能是产品价值的重要体现，但是适用的功能才能给用户创造价值，而不适用的功能会造成资源的浪费。由于航空器遵循重量最小化设计原则，因此适用的功能设计是满足用户个性化需求的最佳选择。

宠爱千般，只为你想。服务支持是产品在流通和使用过程中的必要环节。以客户为中心，为客户提供个性化的服务支持体验，是产品在流通使用环节产生经济价值的重要手段。经济学认为，当产品发生交易时，产品就产生了经济价值；而当产品开始应用时，产品它就产生了使用价值。在交易过程中，有的人希望专业详解，也有的人喜欢自己探索。在售后支持上，有的人希望定期的维修质保，也有的人喜欢不定期的咨询排故（排除故障）。由于不同的客户拥有不同的个性，而服务支持又必须直接面向客户，因此针对不同的买方客户需求，产品卖方应因人而异实行个性化定制的服务支持方案。

个性化是人类高层次需求分化的必然结果。面对日益丰富的物质文化生活，个人的马斯洛需求层次越来越高，而高层次需求越来越追求个性化，使得处于买方市场的产品必须走向个性化发展道路。针对未来多旋翼产品，开展更多的个性化设计，给客户带来更多的形式体验，为人们提供更多的选择方式。

3.2 任务使命

最初多旋翼飞行器的任务使命是单一的，即能实现空中飞行就可以了。然而，随着微电子技术的集成应用，多旋翼飞行器的任务使命开始不断裂变分化，现已形成了多种任务构型，目前主要集中分布在民用和军用两大领域中。

3.2.1 民用领域

多旋翼飞行器，始创于民用领域，也发迹于民用领域，是一种典型的民用航空器。几经岁月的变迁，它早已分化成不同的应用类型，如航拍、植保和巡检等。作为一类特殊的旋翼类航空器，如果站在人文的角度上思考，那它到底给人类生活带来了哪些改变呢？是能做人类不能做的，增强人类能力，还是替代人类做得更好，提高工作效率，抑或是给人精神娱乐，增添生活乐趣。

增强能力

面对现实，我们不得不承认，人的能力是有极限的。受地心引力的影响，我们人类几乎很难跳跃离开地球的表面。而多旋翼飞行器却能克服地球引力做功，可以纵情地在空中飞翔。多旋翼无人机可以替代人类实现进入天空的愿望。此外，载人多旋翼飞行器还可完成人类自身进入空中进行自由飞行的想象。

图3-4　人的能力是有极限的精彩对话
（素材来源：bilibili 网站）

对于多旋翼无人机而言，配置不同功能模块的任务构型，它可以增强人类各个方面的能力。比如携带照相机的多旋翼飞行器，既能以"上帝视角"俯瞰地球风貌，也能以微距视角欣赏悬崖峭壁景观；配置检测器的多旋翼飞行器，既可以检测环境空气的质量，也能长时间实时监测周围环境的变化；配置大喇叭的多旋翼飞行器，既可以广播传递应急信息，也能广域驱离各种昆虫鸟害。

对于载人多旋翼飞行器而言，它可以实现人类载人入空的愿望。往大的方向说，它拓宽了人类的疆域界限，能给人类带来增量活动空间。从小的方面讲，它突破了传统的出行方式，能给人类带来新的交通方式。此外，载人类多旋翼飞行器的能力增强可为人类带来广阔的增量发展前景。

综合来看，上述这些任务构型大幅增强了人类器官的功能。或延伸人类的视觉器官，看到人类不能看到的地方或东西；或延伸人类的嗅觉器官，闻到人类不能闻到的异味或污染；或延伸人类的声带，声带发出人类不能发出的声音或语言……此外，多旋翼飞行器作为一种使用工具，还可以突破人的耐寒、抗暑、疲劳等生理极限，进行全天候广疆域长时间的工作，全方位增强人类各个方面的能力。

提高效率

好工具就是生产力。人和动物最本质区别是人类善于制造和使用工具。实践看来，人类勇于创造工具，而创造的工具反过来又提高了人类的工作效率。莱特兄弟冒着生命危险试飞固定翼飞机，而如今商用客机作为一种常用的交通工具，大幅缩短了城市之间的距离，有效提高了人们出行的效率。

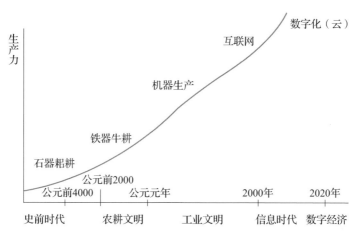

图3-5　人类生产工具的历史演变

（数据来源：从生产工具看人类社会演进）

诚如前文所述，能被控制的产品可以做成工具。多旋翼飞行器，正是由于其具有精确控制的特点，才被广泛地开发为各种工具。挂载农药喷剂的多旋翼飞行器，可以在一望无垠的平原防虫，也可在连绵起伏的山地护林；安装探测器的多旋翼飞行器，可以在空中巡检高压电线的好坏，也可贴近地面检查油气管道的异常；携带摄像机的多旋翼飞行器，可以在指定区域开展警用巡逻，也可在特定地区进行安防守卫。

总体而言，上述工具大幅提高了人们的工作效率。在农林植保领域中替代人类超负荷体力劳作；在设备设施巡检领域中替代人类长距离体力劳作；在警用安防领域中替代人类长时间体力运动。此外，多旋翼飞行器作为一类载机平台，还可以向更多的应用领域进行拓展，全方位延伸人体的器官功能。

增添乐趣

平淡无聊是生活的常态。艺术可以提高人的审美情趣，给人带来快乐；运动可以增强人的身体素质，给人释放压力；竞技可以挑战人的能力极限，给人带来刺激。艺术、运动或竞技，它们是人类选择超越平淡无聊生活的一种方式。

当多旋翼飞行器与艺术、运动和竞技等结合在一起时，它们可以绽放强大的活力。例如，编队飞行的无人机，既可创造浪漫的灯光秀，也可点缀漆黑的夜空，让夜晚的风景很迷人。操控飞行的航拍无人机，既可记录精彩瞬间的影像，也可让人们体验户外运动的快感，让运动场景更加丰富。体育竞技的多旋翼无人机，既可挑战操控飞行的能力，也可参与同行技艺的切磋，让竞技生活更加多彩。

总体看来，上述科技融合的应用案例大幅增添了人们生活的乐趣。大型的无人机灯光表演可以陶冶人的情操，新颖的航拍户外运动可以释放人的激情，激烈的无人机竞技比赛可以挑战人的极限……此外，小型多旋翼无人机作为一种玩具，也在民间的极客中大量渗透，有效丰富飞行器爱好者的业余生活。

3.2.2　军用领域

随着多旋翼无人机在民用领域的大幅应用，其低成本操控稳的特点很快突破了军民之间的应用壁垒，由民用直接溢出转向军用。表面上看，民用技术向军用领域转变，背离了产品人文关怀的设计初衷。但实际上，多旋翼产品军用总体是为了国家安全，即使参加迫不得已的战争也是为了守卫国家的和平。

在战场上，多旋翼无人机正在以另外一种方式表现出人文关怀。或替代人类参与战斗，减少战争中人员伤亡；或增强人类战斗能力，减少社会经济损失；或运输部队后勤补给，改善战场生活条件。如今，许多国家已将多旋翼无人机列入部队装备，正在按照假想的任务使命积极地表现出应有的作为。

替代战斗

由于多旋翼无人机具有精确控制和智能操控等优点，使得它能充分地适应战场复杂多变的环境。例如，在战场前端，它可以利用其精确控制的优点，悬停隐蔽在战场前线收集敌方情报信息，或凌空飞近敌方据点实施精确打击，或满载弹药精准实施自杀式爆炸袭击。此外，在火力交战时，它可以利用其智能操控的优点，组合编队飞行进行蜂群战术攻击，通过饱和火力压制敌方战力。

显然，上述多旋翼无人机的应用案例大大改变了传统的作战场景。在收集情报时，无须战士再去前方隐蔽，忍受恶劣的战场环境，也降低了被敌人发现的风险。在攻击行动时，某些情况下无需战士再去前线参战，减少了战场的人员伤亡。此外，自杀式无人机参与战斗，还可以产生与敌人同归于尽所带来的震慑力。总而言之，多旋翼无人机替代战斗，其成本是低廉的，伤亡是在减少的。

增强战力

战力（战斗力）是决定战争胜负的关键因素。纵观历史，当长弓手遭遇火枪时，它们只能束手就擒，即使做英勇的搏斗，也只能一败涂地。当枪手遭遇大炮时，他们只能坐以待毙，即使做激烈的抵抗，也难逃脱被炸得灰飞烟灭的结局。人类虽然可以在刀光剑影的地面战场进行厮杀，但是面对现代群雄逐鹿的空天战场，有时也只能慨叹自己心有余而力不足。

与人类身体能力相比，多旋翼无人机性能更优，其速度更快、航程更远、运力更强。天下武功，唯快不破。利用其速度更快的特点，它可以迅雷不及掩耳之势实施打击，也可机动快速躲避敌人的追击。运筹帷幄中，决胜千里外。利用其航程更远的特点，它可以不辞辛劳奔赴远方作战，而远程操控人员只需待在战场后方阵地。利用其运力更强的特点，它可以全副武装挂载枪支弹药，对敌方阵地发起勇猛的轰炸袭击。此外，它们还可以多机协同形成蜂群编队，对敌方目标进行饱和火力攻击，以取得决定性的胜利。

图3-6　多旋翼无人机军事作战图

（图片来源：bing网站）

综上所述，多旋翼无人机可以大幅增强人类的战斗能力。从平台性能来看，它远超人的身体能力的极限。从打击能力来看，它满载枪支弹药可以机动飞行攻击，杀伤力更猛。从作战能力来看，它们协同编队能够进行立体攻防，战术能力更强。明显，如果战场双方在战力上存在差距，一旦形成非对称压倒性优势，便可大幅缩短战争时间，进而减少战争给经济社会带来的损失。

运输补给

兵马未动，粮草先行。后勤补给是指战场人员正常生活和作战所需的物资，包括食品衣物、药品燃料和枪支弹药等，它是军事战争的基础。由于战场前线物资是动态变化的，因此适时补充前线物资，充分保障前线战力尤为重要。

不同于传统的陆运、水运或海运，空运突破了地域环境的限制，可以全天候广疆域为战场提供后勤补给。多旋翼无人机作为一类航空器，它可以为后勤补给提供新的选择方式。在冰天雪地里，它们可以投送自动加热的餐食，以适时暖胃果腹。在荒山野岭中，它们可以运送简易安装的帐篷，以供士兵临时就地安营。在崇山峻岭处，它们可以投递披荆斩棘的工具，以便于跨越险阻。

综上案例，多旋翼无人机可以适时运输保障前线的后勤补给。在环境恶劣的条件下，它更可以发挥其平台性能的优势。在游击战中，它们可以根据前线的战况，适时调整后勤补给计划，将物资配送至指定地点。采用多机协同的方式，还可以避免物资被集中截获的风险，有效保障配送物资的运输安全。

图3-7 多旋翼无人机运输补给

（图片来源：央视军事网）

3.3 使用体验

产品到底好不好，用户最有发言权。长期以来，汽车行业流传着这样一种说法，沃尔沃是安全的代名词，丰田的燃油经济性好，奔驰的乘坐体验舒适。然而，多旋翼产品能给用户带来哪些使用体验呢？是安全、经济还是舒适？

3.3.1 安全性

安全是航空事业永恒的主题。安全是指不发生各种事故的状态。它是人类各种活动与产品使用等过程的首要要求。对于航空器来说，安全性是指产品具有不导致人员伤亡、装备损坏、财产损失或不危及人员健康和环境的能力。

从产品的角度上看，安全性是用户选择使用最优先考虑的要素。它是产品上市的最低要求，可以通过设计来赋予。通常，产品的安全性设计流程为：1. 提出安全性设计要求；2. 开展安全性评估设计；3. 完成设计符合性验证。

安全性设计要求是航空器安全性设计的顶层输入，一般来自行业标准、设计规范和参考机型等相关资料的适用剪裁。这些设计要求，既包括定性部分，也含有定量内容。定性是定量的设计基础，定量是定性的科学描述。例如，应尽量减少人为差错所导致的危险，仅由系统引起的灾难性故障率应小于等于 10^{-7}/Fh。

安全性评估设计是航空器安全性设计的重要过程，一般采用自上而下和自下而上相结合的方法。以某型民用飞机为例，工程师首先采用自上而下方法，对整机或系统进行功能危险性分析（FHA）和初步系统安全性评估（PSSA），然后采用自下而上的方法，对系统或功能进行系统安全性评估（SSA）、故障模式及其影响分析（FMEA）、故障树分析（FTA）和共因分析（CCA），最后通过上下结合的方法完成整个安全性设计评估工作。当然，由于多旋翼飞行器系统功能架构相对比较简单，因此在其设计过程中可以进行轻量化剪裁适用处理。

设计符合性验证是航空器安全性设计的最后保证，一般通过试验进行验证，当仿真分析手段较为成熟时，也有时通过分析进行验证。针对系统软件，一般参考 DO-178B 文件进行验证；针对系统硬件，通常参考 DO-254文件进行验证。对于多旋翼飞行器而言，虽然目前大部分还不在合格审定范围之内，但是仍可以适度借鉴上述适航符合性验证方法，以增强其产品设计的安全性。

此外，由于安全性是系统的固有属性，有些系统可能达不到设计指标要求，为此常引入一些补偿设计措施来予以实现。目前，依序的补偿设计措施有：①采用冗余设计备份；②采用告警系统提示；③采用专用规程操作。

为了便于风险评价，人们还对危险级别进行定性描述，并提出定量要求。灾难的情况是人员死亡或系统报废；严重的情况是人员严重受伤、严重职业病或系统严重损坏；轻度的情况是人员轻度受伤、轻度职业病或系统轻度损坏；轻微的情况是人员受伤和系统损坏轻于轻度的；无安全影响的情况是没有任何安全影响的。

表3-1 民用航空器系统安全性要求

影响等级	无影响	较小的	较大的	危险的	灾难的
事件的严重性	对航空器运行能力、安全性和人员无影响	使用正常程序，稍微减少功能能力和安全性余度，人员有些身体不适，机组负荷轻微增加	使用非正常程序，显著减少功能能力和安全性余度，人员身体不适并可能受伤，机组负荷明显增加	使用应急程序，大大减少功能能力和安全余度，少量乘员受到严重或致命伤，机组危险或过分的负荷削弱了执行任务的能力	丧失航空器，成倍的人员受致命伤，机组失能或受致命伤
定性概率要求	经常	不经常	微小	极微小	极不可能
定量概率要求	无	$<10^{-3}$/Fh	$<10^{-5}$/Fh	$<10^{-7}$/Fh	$<10^{-9}$/Fh

数据来源：运输类旋翼航空器适航1309条款

俗话说，安全是设计出来的，而不是验证出来的。表面上，人们在强化安全设计的主导作用，实际上，这也压实了安全设计的重要责任。总而言之，加强安全性设计是提高产品安全的重要途径，也是安全体验发展的必然方向。

3.3.2 经济性

宏观上，经济的本质特征是商品流通。经济是价值的创造、转化与实现。它是人类社会活动的重要组成部分。微观上（产品），经济性是指产品设计、制造和使用等方面所付出或消耗成本的程度。它是产品竞争力的一个量化指标。

从产品的角度上看，经济性是用户购买使用最关键的决策因素。它是产品市场竞争力的重要体现，其成本构成主要包括研发成本、单机成本、使用成本和处置成本。在产品全生命周期中，前端研发决定了产品成本的70%~80%。

以某民用机型为例，其全生命周期成本如下图所示。由图可知，前端开发成本约15%，生产试验成本约30%，使用处置成本约50%，即生产成本和使用成本占比份额较大。很大程度上，这两者基本决定了产品整体的经济性。而占比少量的前端研发成本，又可以决定全生命周期大部分成本，因此在前端研发过程中，加强生产成本和使用成本的设计是提高产品经济性的有效手段。

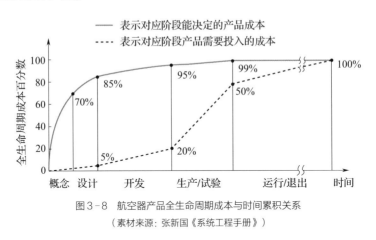

图3-8　航空器产品全生命周期成本与时间累积关系
（素材来源：张新国《系统工程手册》）

生产成本是指生产制造过程中的总成本，主要包括材料费用、人工成本和制造费用。从产品设计的角度上看，降低生产成本的方法有：简化设计、标准化设计、通用化设计、系列化设计和模块化设计。从产品制造的角度上，降低生产成本的方法有：①提高产业链议价权，降低原料采购成本；②提高自动化生产效率，降低人工成本；③改进生产工艺技术，简化产品制造流程。

使用成本是指与航空器使用相关的总成本，包括直接使用成本和间接使用成本两大类。据研究表明，直接使用成本约占总成本的60%，间接使用成本与使用管理相关，常以直接使用成本的百分数表示，经验值为30%~50%。在直接使用成本构成中，维修费占比份额最大，约占直接使用成本的30%。因此，针对这类成本构成的航空器，降低使用成本的着力点应主要放在维修费用上。

从前端研发来看，成本重量是体现产品经济性的一个重要指标，也是同类产品类比的一个重要参数。从终端消费来看，性价比是衡量产品经济性的一个主要参数，也是用户购买使用的一个关键因素。市场是检验产品价值的试金石，经济性是体现产品竞争力的重要评价指标。在现代商场如战场的竞争环境下，一个缺乏经济性的产品，是很难在市场上立足生存或赢得市场份额的。

当前，多旋翼产品作为一种新型热门科技产品，虽然用户愿意给予一定的科技溢价，但是价廉物美一直都是用户的内在需求。特别是消费类电子产品，由于用户群体较为年轻，其迭代更新周期短，低价更是开辟渗透市场的有效手段。

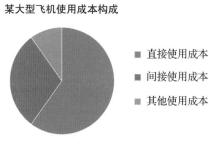

某大型飞机使用成本构成

■ 直接使用成本
■ 间接使用成本
■ 其他使用成本

图3-9 某大型飞机使用成本构成示意图
（数据来源：《飞机设计手册》）

成本是设计出来的，经济性是用来对比的。与中大型民机相比，多旋翼飞行器虽然是小巫见大巫，但是差异不差理，它仍可以剪裁适用上述成本控制方法，有效降低产品的总成本，整体提高产品的经济性，以此占领更为广阔的市场。

3.3.3 舒适性

舒适是人类的高层次需求。舒适是指个体身心处于轻松自在、无焦虑、无疼痛状态下的一种自我满足的主观感觉。针对产品设计而言，舒适性是指人们在使用产品后反馈用户满意度的综合评价，包括生理上和心理上的感受。

从产品的角度上看，舒适性是用户长期使用最注重的用户体验。诚然舒适性是用户群体的主观评价，但是主观评价之中也存在客观共性规律，比如人的身体特征、感知特征和认知特征，它们为产品的舒适性设计提供了顶层输入。

在人的身体结构中，人体尺寸主要包括人体构造尺寸和人体功能尺寸。其中，人体构造尺寸多用于产品宏观静态方面的设计，而人体功能尺寸常用于产品微观交互方面的设计。基于人体的微观结构，人们统计建立了包括头部、身体、腿部、手部和足部在内的 300 项人体数据库，且分有不同年龄、性别、行业及疆域类别。工程师常选择其中的人体数据，用于指导产品的舒适性设计。例如选取人体项目最大握径，采用第 50 百分位数，设计握杆适宜直径 36mm。

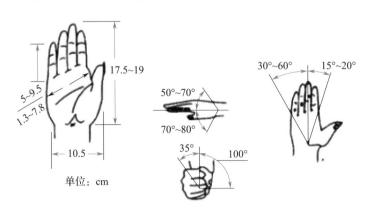

图 3-10　人体手掌尺寸数据示例图
（图片来源：丁玉兰《人机工程》图书）

在人的感知系统中，人所获取的外界信息，大约有 83% 来自视觉，11% 来自听觉，1.5% 来自触觉。对比看来，视觉是人类最重要的感觉，与之设计相关的有视野、视距和色觉等。在水平面内，人眼识别字母视区为两侧 5°~30°。在竖直面内，人眼最佳视区为正常视线上下 15°。

人的视距范围为 380~760mm。人眼的白色视野最大，黄色、蓝色、红色依次递减，绿色最小。基于这些感知特征数据，工程师常把重要的信息布置在最佳视区，例如布局航空地平仪。

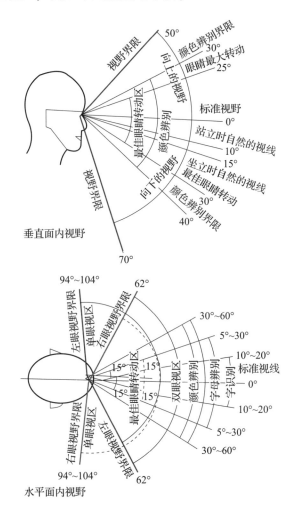

图 3-11 人的视觉感知特征

（图片参考：极客视界搜狐网文章）

在人的认知系统中，人眼的辨色能力，单色红色最强，绿色、黄色和白色依次减弱；双色黄底黑字最强，黑底白字、黄底白字和白底黑字依次减弱；辨识符号最强，数字、英文和汉字依次减弱。人的视觉反应时间为0.2~0.25s，从反应到做出动作时间约0.5s。人眼浏览信息的顺序依次为从左至右，由上而下，阅读文字速度为每秒6~9字，手指敲击速度为每秒1.5~5次。人的短时记忆只能保存7±2个不相关的信息单元……基于这些认知特征数据，工程师常有选择性地应用在系统软件开发中，比如告警系统的单页显示条目最多应为7±2项。

舒适性是一种提倡以人为本的设计，最能体现出产品设计的人文关怀，也是产品进行差异化竞争的重要手段。一直以来，舒适性都是产品人机交互设计追求的目标，也是用户长期使用内在的必然需求。当前，多旋翼无人机与人进行交互的界面主要有硬件操纵手柄和软件图传页面等，针对其中的内容设计要素，有效开展相应的舒适性设计，面向用户进行不断的迭代更新，可为产品用户带来良好的舒适性体验，进而不断提高产品在市场中的竞争力水平。

舒适性是用户的主观评价，也是可以设计出来的。基于用户群体的共性生理和心理特征，以人为中心开展人机环协调统一的舒适性设计，不断增强产品使用的舒适性体验，整体提高产品的用户满意度，以此赢得更多用户的青睐。

第四章

艺术之美

多旋翼飞行器设计
与应用延伸

法国著名飞机设计大师达索曾说："凡是看起来漂亮的飞机，一定是架好飞机。"大量实践表明，不论是 F - 22 "猛禽"战斗机，还是 RAH -66 "科曼奇"直升机，抑或是 MQ - 1 "捕食者"无人机，它们都拥有很高的外在颜值，在同类产品中其综合性能表现也异常出色。福楼拜说："科学与艺术，在山脚下分手，在山顶上会合。"科学是理性的演绎，追求严谨；而艺术是灵感的发挥，追求至美。它们俩看似各行其道，实则有着共同的本源基础，即人类创造力。科学与艺术发展相辅相成，科学需要艺术的灵感创造，艺术也需要科学的理论支撑。

图 4 - 1　RAH - 66 "科曼奇"直升机

（图片来源：bing 网站）

在中国，艺术最早可以追溯至《庄子》，记述为"能有所艺者，技也。"而在西方，艺术译于单词"art"，原义为技艺等。纵观西方美学史，赫拉克利特等认为艺术是对现实的摹仿；席勒等认为艺术是不带功利的游戏活动；黑格尔等认为艺术是理念的感性显现；托尔斯泰等认为艺术是情感的表现；克罗齐等认为艺术是心灵的直觉表现。显然，不论是在中国，还是在西方，艺术都含有技艺等经验性起源。艺术，它追求美，是一种源于生活，又高于生活的实践。

被誉为近代以来最伟大的科学家之一——爱因斯坦，在生活中其小提琴演奏得非常出色。李政道是中国最早获得诺贝尔奖的美籍华人科学家，在闲暇时其怡情画作也栩栩如生。不一而足，几乎所有伟大的科学家都具有很高的艺术修养。也正因如此，他们创造性提出的理论都是简单而至美的。比如，古代先祖使用数学等式 $1+1=2$，抽象表达事物的可加性；牛顿采用方程式 $F=ma$，描述物体受力与加速度的关系；爱因斯坦应用公式 $E=mc^2$ 表示物体质量与能量之间的变化关系。也就是说，在感性艺术的熏陶下，理性的科学可以创造得更美。

古罗马建筑是西方建筑史上一颗璀璨的明珠，其外在表现宏伟、高大，而内在的它建立在严谨的工程力学之上。《米洛斯的维纳斯》是法国卢浮宫三大"镇馆之宝"之一，其外在造型优美、端庄秀丽，而内在的它讲究和谐的比例尺度。《蒙娜丽莎》是油画作品中最享有盛誉的杰作之一，其外在恬静自然、优雅得体，而内在的它有着精心的层次布局。不一一列举，几乎所有杰出的艺术作品都蕴藏着严密的科学逻辑。此外，音乐作为艺术表现的形式之一，外在可以展现余音绕梁、三日不绝的美妙，而内在也还应遵循严格的韵律规则。也就是说，在一定程度上，基于理性的科学逻辑，感性的艺术才可以超然发挥。

综合看来，科学在艺术的点缀下熠熠生辉，而艺术有了科学的支持也星光闪耀。当前，科学与艺术融合是科技发展的主流趋势。随着社会物质财富的不断增加，人们越来越追求高的生活艺术品位，比如美的视觉表现。为此，在多旋翼飞行器研制过程中，研发人员也必然需要追求产品的艺术之美。而从目前来看，其产品能有效嫁接艺术美学的地方有外观造型、人机交互和颜色色彩。

4.1 造型美学

造型设计，它创造产品的外观造型，展现产品视觉的第一印象。不论是消费级多旋翼飞行器，还是工业级多旋翼飞行器，其造型视觉体验都是用户首要关注的，而涉及造型美学的设计内容有交点数据、特征曲线和造型曲面。

4.1.1 交点数据

交点是指不同零部件之间或与系统之间相交而形成的。比如，升力部件与机身结构的安装点位，起落架与机身结构的连接点位，任务设备与机身结构的安装点位等。这些交点可能源自经验总结的总体布局规律，也可能来自总体协调的接口控制关系。它们高度抽象多旋翼产品各个零部件及系统之间的关系，组成产品底层最精简的设计原型，是新款产品造型设计最重要的设计基准。

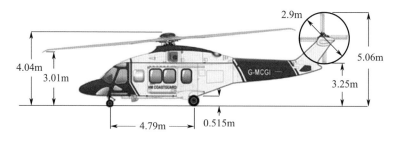

图 4-2　AW189 直升机侧视图交点数据

（图片来源：papagolf - helico 网站）

交点数据是产品内部构造关系的高度提炼，它们大部分来自产品平台的力学模型抽象质点。表面上，这些交点仅由几个简单的显性数据组成。实际上，研发人员定义这些数据，其背后需要掌握深厚的理论技术，有如多体动力学、空气动力学和机构运动学等学科理论。在实际工作中，它们主要来自型号经验的总结以及各个系统部件的机械接口关系。因此，梳理总结同类产品的设计经验，并掌握驱动数据变化背后的规律，进而获得产品交点设计的技术基础。

经验是一笔难得的财富。对于多旋翼飞行器平面布局而言，螺旋桨与机身结构的安装点位布局应优选以下方案，即 $r_{max} = 1.05r_p \sim 1.2r_p$。由于螺旋桨存在桨尖涡环，当两个螺旋桨水平靠近时，它们之间会产生较大的气动干扰，进而影响整机拉力的稳定性。当两个螺旋桨轴距较远时，机身的纵横向尺寸增大，又会增加整机的重量，进而与重量最小化设计原则相矛盾。对于共轴双桨构型来说，共轴双桨与机身结构的安装点位布局应遵循以下规律，即 $h/r_p > 0.357$。当共轴双桨轴向距离靠近时，它们之间的气动干扰会越来越大，进而降低整机的拉力效率。在大于该尺寸阈值的范围内，可根据电动机产品高度再做适应性定义。

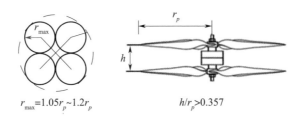

图4-3 多旋翼螺旋桨平面布局与共轴构型轴向布局的经验比例

中心对称和黄金分割是自然界中最美的两种法则。对于多旋翼飞行器而言，如果纯粹从审美角度上看，其交点数据总体应遵循这两种法则。例如，螺旋桨与机身结构的安装点位应前后左右对称；起落架与机身结构的连接点位比整机高度应为黄金分割；任务设备与机身结构的安装点位也应前后左右对称。此外，这些交点设计还需考虑货架产品或现成系统的接口配置。例如，载人多旋翼座舱设计基准——设计眼位，其源自人体尺寸坐姿眼高和眼突枕突距。

交点数据是产品造型最为底层的设计元素。一旦它们被定义好了，也就意味着产品的基本框架就搭建好了。当交点数据被基本确定以后，基于包络的最小化设计原则，研发人员可以着手产品的气动外形设计。他们可以天马行空地造型，形成各种不同的外形设计方案，或为圆润柔美的流线型，或为刚劲有力的直线型。然而，如果交点数据没有被确定或冻结，那么精心的外观造型犹如空中楼阁，随时可能由于局部尺寸的变化而需要进行协调再设计。总而言之，掌握多旋翼飞行器交点数据的设计技术是产品外观进行美学造型设计的前提。

4.1.2 特征曲线

线条是产品实体特征的高度抽象，主要指造型结构边缘的轮廓，有如边线、轮廓线和母线等。产品线条，有的来自设计人员的自定义创造，也有的源自产品造型形成的特征曲线。它们共同组成了产品造型的轮廓特征，是产品外观造型最为重要的设计元素，也是产品外在形象最为重要的展现形式。

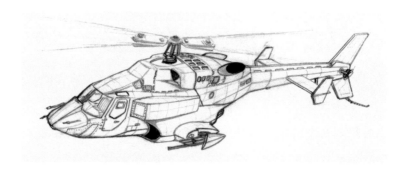

图 4-4 某型号直升机概念草图特征曲线示意图
（图片来源：deviantart 网站）

特征曲线是产品外观造型最具艺术创作的成分。不同样式的线条给人带来不同的视觉感受。水平线给人沉稳舒展的感觉；垂直线给人坚定正直的感觉；斜线给人运动跳跃的感觉；几何曲线给人规整典雅的感觉；自由曲线给人洒脱奔放的感觉；弧线给人力量弹性的感觉。面对如此丰富的线条样式，在产品实际造型过程中，该如何协调应用才能做到拿捏有度呢？

从目前的手工和电脑绘图来看，由于它们采用的手段不尽相同，其线条的绘制技法也存在差异。

手绘是设计师灵感创意的重要依托。它可以快速捕捉设计师稍纵即逝的灵感，显性化脑袋里突如其来的想法。虽然它绘制的线条轮廓做不到非常精确，但是它勾勒的线条样式还是非常清楚，能够整体展现产品的外观造型特征。特别是一些典型特征曲线，由于其设计自由度较大，手绘仍是当前最重要的设计手段。设计师，或通过草稿纸手绘、扫描、逆向等操作得到这些曲线，或通过手绘板手绘、修饰、美化等操作得到这些曲线。一般认为，手绘适用于绘制产品造型的概念图样，并对不同风格的特征曲线进行自由的艺术创作。

机绘是设计师工程打样的重要手段。它可以有效虚拟真实产品的三维造型，清晰地展现出产品各处的细节特征，既可以记录造型线条的设计过程，也可以实时检查线条的设计质量，还可以随时调整修饰线条的设计样式，用于对比展现不同线条的设计效果。由于软件是基于规则的程序算法，因此机绘更擅长绘制一些基于数学规则的特征曲线，有如三维设计常用的贝塞尔曲线。在实际电脑绘图过程中，虽然移动调节样条曲线控制点是一个慢工出细活的过程，但是也可以创造出高质量特征曲线。综合看来，机绘擅长基于规则的特征曲线数字化建模，可以虚拟增强产品的可视化效果，常用于产品造型的工程设计。

图4-5 四轴多旋翼飞行器特征曲线建模示意图

（图片来源：3d2000网站）

特征曲线是产品造型最为丰富的设计元素。一旦它们被绘制好了，也就意味着产品的外观造型接近成形了。当特征曲线被勾勒描绘好，设计人员就可以通过桥接、填充等操作完成产品整体的曲面造型。虽然特征曲线留给产品曲面造型的自由度较少，但是造型曲面的质量与特征曲线的样式直接相关，使得调整修饰特征曲线成为创造高级曲面的一个重要过程。总而言之，掌握产品造型特征曲线的设计技术是多旋翼产品外观造型进行美学设计的基础。

4.1.3　造型曲面

曲面是产品整体的外在轮廓，主要指产品造型的外在表面包络，包括三角曲面、四边曲面和多边曲面等样式。造型曲面，它既可以通过特征曲线的拉伸、扫略、填充等方式来建立，也可以通过油泥模型的捏造、挤压等方式来实现。它是产品外观最具视觉化的设计元素，也是产品外在形象的直观体现。

造型曲面是产品外观形象的主要依托，它们大部分可以通过特征曲线或油泥模型而创造建立。曲面造型，它直接显性化产品的外观形状，是一个由抽象想法转变为现实模型的设计过程。表面上，它所想即所见地造面成形，是一个从无到有令人兴奋的创造过程。实际上，它需要经过无数次的迭代优化，是一个精雕细琢劳心费力的打磨过程。现实中，设计人员常借助先进的设计工具来开展这项工作的详细设计过程，比如三维设计软件、现实油泥模型等。

三维设计软件是设计人员最常用的一种造型工具。常见的三

图4-6　汽车造型曲面光滑质量检查示意图
（图片来源：ugcad网站）

维设计软件一般都包括曲面造型和虚拟油泥模型模块。以三维软件 Catia 为例，在曲面造型模块中，设计人员可以通过对线条进行拉伸、扫略和填充等变换操作而创造特征丰富的曲面造型。在虚拟油泥模型模块中，设计人员可以通过对曲面的拉伸、弯曲和扭转等变换操作来创造曲面特征。对比而言，曲面造型模块擅长绘制基于规则的曲面，可以实时记录特征参数和过程步骤，以备后续的调节参数修改和优化迭代。而虚拟油泥模型不能保存过程记录，无法进行前后对比修改，但是它擅长创建不规则的曲面，常用于产品造型的概念设计。此外，三维软件还可以实时检查曲面的光滑质量，这为产品的外观造型提供了量化的美学参考。

现实油泥模型也是设计人员常用的一种造型工具。它是一种较为传统的产品造型方法，设计人员可以通过油泥的刮削、填补和刮补等手段，完成产品外观的曲面造型。通常，为了节约成本和提高效率，设计人员使用缩比模型进行产品造型，常见的比例有 1:3 和 1:5。在某种程度上，这些缩比模型可以非常真实地展现产品的整体外观形状。它既可以有效验证产品各个部分的曲面尺寸比例关系，也可以用于推敲打磨产品局部的细节特征。油泥模型虽然逼真，所见即所得，但是比较昂贵耗时，因此常适用于有艺术追求的产品进行概念造型。

图 4-7　汽车油泥模型高级曲面建模示意图

（图片来源：zuowen 网站）

造型曲面是产品外观设计最具挑战的过程。一旦它们被绘制好了，也就意味着产品的外观造型基本确定了。当造型曲面被创造拼接好，设计人员就可以在其表面上进行颜色喷涂和细节装饰，进而整体展现产品外在的视觉形象。造型曲面是产品外观造型的最后环节，也是想法变为现实最为关键的环节。然而，如果其设计技巧没有被充分地掌握，那么前面的交点设计、曲线设计将功亏一篑。因此，掌握造型曲面设计技术是多旋翼产品造型进行美学设计的关键。

4.2　交互美学

交互设计，它定义产品的交互过程，反映产品用户使用的切身感受。不论是多旋翼无人机，还是载人多旋翼机，其交互使用体验都是用户最为关注的，而涉及交互美学的设计内容有交互界面和交互方式。

4.2.1　交互界面

交互界面是人与机器进行信息交换的通道，用户通过它向机器输入指令进行操作控制，机器则通过它反馈执行情况并输出控制结果。传统上，交互界面主要指产品硬件方面的人机接口，比如手柄、开关、按钮等控制器件。随着近代消费类电子产品的兴起，交互界面也逐渐从传统硬件延伸至现代软件上。

硬件界面

硬件交互是传统的一种人机交互方式。硬件界面，它是整机或系统的人机交互接口，直接面向用户展示接口的控制信息。这些接口，或为控制器件，或为操纵装置，其视觉表现主要集中在整体风格和设计样式上。

对于多旋翼无人机而言，遥控器是其硬件交互的主要界面，"飞手"

（操纵者）通过它可以进行远程操控。以 Futaba 遥控器为例，其上面布置有遥控杆、指轮滑钮、钮子开关、拨动开关、旋钮、按键、触控板、液晶屏、天线等。

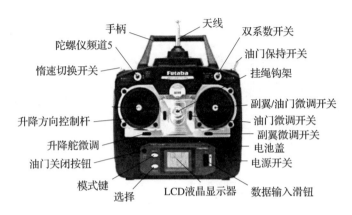

图 4-8　Futaba 遥控器硬件界面示意图
（图片来源：Futaba 官网）

　　站在美观的角度上，这些器件的布局和样式是重要的影响因素。目前，采用中心对称仍是最实用美观的布局形式。由于不同的器件需要满足不同的使用功能，因此它们设计的外观样式也可能不尽相同，但是为了使这个产品整体上美观，它们应尽可能设计成相近的风格样式。此外，遥控器上的字符、标识和颜色等细节特征也是影响产品美观的重要因素。如果能对它们进行统一的润色修饰，使它们整体看起来协调和谐，那么遥控器的视觉效果将更上一个层次。

　　对于载人多旋翼机而言，操纵装置是其硬件交互的主要界面，驾驶员通过它们可以进行操纵飞行。当前，市面上诞生有多种载人多旋翼机概念产品，其操纵装置形式还未真正落地，而传统航空器的形式有中央杆、侧杆和方向舵等。

　　从美观的角度上看，虽然它们总体之间并不存在主观的可比性，但是在细节特征上还是有很多艺术美化的方面。以 AW169 直升机中央驾驶杆为例，握杆上部为操纵手柄，上面布置有多个开关按钮。在握杆满足手握舒适度体验、开关按钮满足防差错设计等人机工效的前提下，设计人员还可以在造型风格、控制器件形式以及颜色涂装上进行艺术美化。或设计创造圆润匀称的造型风格，或协调统一开关按钮的设计样式，或协调配搭自然柔和的颜色涂装。

图4-9　莱昂纳多 AW169、 空客 A320 和波音 B787 飞机驾驶杆

（素材来源：各公司官网）

软件界面

软件交互是当前消费类电子产品一种重要的人机交互方式。软件界面，它是用户主观审美的视觉窗口，直接面向用户展现软件交互的内容与方式，其视觉表现主要体现在主题风格、页面布局、图符标识以及字符颜色上等。

主题风格是软件整体对外呈现的一种主观视觉形象。站在产品的角度上，软件界面具有多个不同的层级页面，每个页面又存在不同的设计元素，如主页面的选项图标、二级页面的操作控件、多级页面的文字内容等。然而，站在用户的角度上，不同的用户群体喜欢不同的设计风格，比如年轻人喜欢青春靓丽的风格、中年人喜欢成熟稳重的风格等。因此，提炼优化这些特征设计要素，使其形成协调统一的主题风格，是满足不同用户视觉审美的重要途径。

页面布局是指页面中各项内容的排列规则样式。它脱胎于早期平面版式的设计形式，继承了经典的均衡对称和黄金分割法则。在计算机技术不断发展的今天，它又与时俱进地衍变了多种通用的设计样式。比如在电脑端，典型的布局形式有"T"字形、"口"字形和"国"字形；而在移动端，常用的布局形式有宫格式、列表式和标签式。特别是高级游戏类软件界面，它们深受年轻人的喜爱。在一定程度上，这些样式可为页面布局设计提供一定的美化参考。

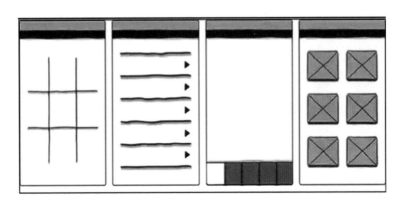

图4-10 不同导航形式的页面布局对比图

（图片来源：jianshu 网站）

图符标识是指界面中使用图形符号以表示交互信息。它直观形象地展示界面信息内容，大幅提高信息交互的效率，比如菜单、工具和控件等。传统上，受限于计算机的运算能力，字符命令是当时信息交互的主要媒介。然而，随着计算机运算能力的不断增强，图形越来越成为主要的交互方式，以至小孩子都能轻松上手。它是最为显性的交互语言，常以简单扁平化的图形表示。《设计几何学》系统论述了图形美化的方向，许多网站也存放着大量的设计参考素材。

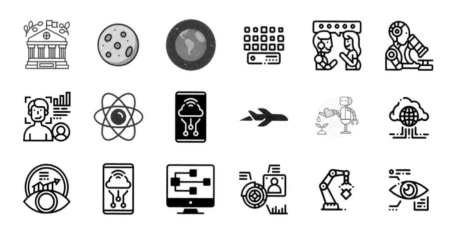

图 4-11　免费的科技图符标识设计样例

（素材来源：iconfinder 网站）

字符颜色是软件界面中最为底层的交互内容。字符，它可以明确详尽地表述交互信息；颜色，它可以层次鲜明地区分交互内容。通常，一套设计规范的软件，其交互界面仅配置一种单一的字符样式，且字符的大小规格控制在 3 种以内。此外，其软件界面一般也只调和一种统一的主色调，且配色的种类也限制在 3 种以内。虽然软件规范是一种约定俗成的设计准则，但是字符颜色还可以搭配创新形成不同的主题风格，差异化满足不同用户群体的审美需求。

总而言之，界面美化是指在软硬件界面上进行视觉呈现的修饰润色工作，即在满足人机工效的前提下，基于视觉传达艺术的审美法则，对软硬件界面的各项设计要素进行全方位视觉美化，以创造出用户喜爱的界面设计过程。

4.2.2　交互方式

交互方式是指人与机器进行信息交换的手段。从人的特性来看，人机的交互方式主要源于人的触觉、听觉、视觉等通道。随着科学技术的不断进步，人类创造出了多种交互方式，典型的有手动交互、语音交互和视觉交互。

手动交互

手是人体最敏感的部位。手动交互是操控机器最为精确的交互方式。在工程领域中，人们应用手柄、拨杆、指轮等装置进行操纵交互；在电气领域中，人们使用开关、按钮等器件进行控制交互；在电子领域中，人们选用显控触屏等设备进行触控交互。明显，手动交互在不同的技术领域中，其交互媒介和应用方式也不尽相同。但是，从交互美学的角度上看，这些交互方式还可以进行视觉美化。例如，针对驾驶杆手柄的操纵姿势进行优化设计，使其人机交互的动作过程协调自然，让人机交互的外在视觉看起来融为一体，更加优美。

语音交互

语音是人类最自然的交流媒介。语音交互是人机最直接的交互方式，它可以大幅提高人机交互的效率。在语音交互过程中，用户可以使用语音与机器直接交互进而实现对机器的控制，机器也可以反过来通过语音反馈信息，告知用户其技术状态。语音交互方式，虽然当前已经从技术层次上跨越了识别率低、交互体验差的技术障碍，但是在听觉艺术上，它还可以进行一定的艺术美化。例如，针对机器语音的音色、音调和音速等进行协调统一的美学润色修饰，让用户耳朵听起来更加舒服，使得其人机交互过程更加顺畅自然。

视觉交互

视觉是人类最重要的感觉。视觉交互是人机最直观的交互方式，它可以大幅增强人机交互的体验。机器视觉是视觉交互最为关键的环节，它首先通过摄像头获取外界图像信息，然后使用智能算法识别图像特征，最后与预设图像模型进行匹配。从技术层次来看，目前应用较为成熟的有手势交互、人脸识别、目标跟踪等。然而，站在美学角度上，视觉输入的人体图像还应考虑人体美学特征。例如，对人体手势特征进行规范定义，使其动作行为更加自然优美；对人脸图像特征进行视觉美化，使得识别过程更加舒适流畅。

图 4-12　空客 A320 飞机操纵驾驶过程示例
（图片来源：bing 网站）

图 4-13　语音交互的应用场景连接
（图片来源：知乎网站）

4.3　色彩美学

色彩设计，它定义产品的色彩搭配，凸显产品外观的视觉形象。不论是小型多旋翼飞行器，还是大型多旋翼飞行器，其色彩视觉体验都是用户最为敏感的，而涉及色彩美学的相关内容有色彩基础、色彩意象和色彩搭配。

4.3.1　色彩基础

色彩是破碎了的光，是人对光产生的一种视觉效应，是最为敏感的视觉元素。它是人类感知世界的一种媒介，随着人类认识的不断深入，色彩感性的认知逐渐转变为物理理性的阐释，其基础知识有单色光、三原色和三要素。

单色光

光是色彩之母，其单色光是人类认识色彩世界的开端。早在 1666 年，科学家牛顿发现，一束太阳光通过三棱镜折射后，可以被分解成七种单色光，依次为红、橙、黄、绿、蓝、靛、紫光。它们都具有明确的物理属性，红光波长为 650 ~ 760nm、黄光波长为 580 ~ 590nm、绿光波长为 500 ~ 560nm、蓝光波长为 450 ~ 480nm。

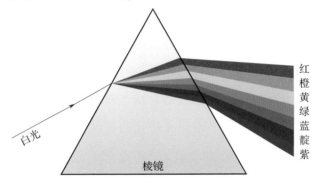

图 4 - 14　光的色散原理示意图

（图片来源：bilibili 网站）

三原色

　　三原色是色彩调配的基础。它是指色彩中不可再分解的三种基本颜色，具有色光三原色和颜料三原色之分。色光三原色，也称加色法三原色，是指红、绿、蓝三种颜色。早在19世纪初，英国科学家托马斯发现，人眼对红、绿、蓝光最为敏感，进而提出了著名的色光三原色学说。该学说认为红、绿、蓝为三种基本色，其他颜色均可由这三种颜色混合而成。颜料三原色，又称减色法三原色，是指品红、黄、青三种颜色。同时代英国科学家布鲁斯特发现，采用品红、黄、青三种颜料色，可以混合出其他多种不同的颜色，进而提出了美术学上的颜料三原色理论。这两类三原色学说为色彩的调配奠定了理论应用基础。

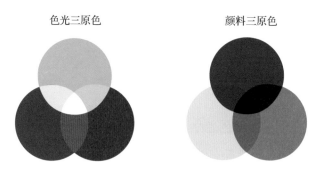

图4-15　色光三原色和颜料三原色
（图片来源：uisdc网站）

三要素

　　色彩三要素是色彩设计的变量元素。它最早由美国色彩学家孟塞尔提出，是指每一种色彩都具备的三个基本属性，即色相、纯度和明度。色相是指颜色的相貌，是区分不同色彩的典型特征。纯度是指色彩的鲜艳程度，用于表示色彩的浓淡深浅。明度是指色彩的明亮程度，用于表示色彩的明暗深浅。色彩三要素是一个基于量化的物理模型，它为色彩的调配实践提供了应用方向。

色调（色相）：是指色彩的相貌

饱和度（纯度）：是指色彩的浓度，鲜艳程度。

亮度（明度）：是指色彩的明亮程度。

图4-16　色光三原色和颜料三原色

（图片来源：bu-shen网站）

4.3.2　色彩意象

色彩意象是指人们对色彩产生一种共性心理认知。表面上，它强调人的主观情感意念。实际上，在不同的文化领域中，它形成了一些约定俗成的情感映射关系。以下为几种常用的颜色及其对应的情感意象。

红色

红色是鲜血的颜色，象征着兴奋、热情、欢乐等。在中国，红色表示吉祥、喜庆；在西方，红色表示警告、感恩。正红色，给人强烈的视觉冲击，常用于警告、禁止等。洋红色代表梦幻幸福，酒红色代表深沉幽雅，紫红色代表温雅柔和。

图4-17　常见的红色警告禁止标志样例

（图片来源：青岛新闻网）

橙黄色

橙色是太阳的颜色，象征着温暖、激情、动感等。橘色代表丰收喜悦，阳橙色代表美好轻快，蜜橙色代表欢乐动感，杏黄色代表乐观开朗，浅棕色代表雅致柔和。黄色是秋天的一种颜色，象征着辉煌、高贵、富有等。纯黄色代表警示注意，鹅黄色代表清新宁静，柠檬黄代表酸甜可爱，金黄色代表华美富丽，土黄色代表稳重温厚。

绿青色

绿色是大自然的底色，象征着生命、希望、环保等。纯绿色代表方便通行，苹果绿代表新鲜自然，叶绿色代表生机活力，橄榄绿代表平和诚恳，薄荷绿代表清爽痛快。青色是中国特有的一

图4-18　常见的黄色警示注意标志样例
（图片来源：enkoproducts网）

种颜色，象征着古朴、淡雅、坚强等。天青色代表开阔舒缓，铁青色代表质朴单纯，瓷青色代表淡雅轻奢，靛青色代表坚强勇敢，白青色代表轻松舒适。

图4-19　常见的绿色环保提示标志样例
（图片来源：istockphoto网）

蓝紫色

蓝色是天空的颜色，象征着清凉、镇定、科技等。天蓝色代表清凉放松，蔚蓝色代表自然平静，深蓝色代表深远神秘，靛蓝色代表忧郁格调，宝石蓝代表靓丽高贵。紫色是帝王尊崇的颜色，象征着神圣、富贵、浪漫

等。纯紫色代表神圣尊贵，紫藤色代表富贵优雅，丁香紫代表浪漫讲究，熏衣紫代表高尚现代，深紫红代表魔幻超能。

图 4-20 常见的公司蓝色品牌 logo 样例
（素材来源：bidcreative 网站）

黑白灰

黑色是最神秘的颜色，象征着黑暗、庄重、严肃、高雅、酷炫等。白色是最干净的颜色，象征着纯洁、明亮、端庄、正直、少壮等。灰色是最淡雅的颜色，象征着时尚、简朴、中庸、低调、谦逊等。

图 4-21 常见的几张黑白灰海报图片
（素材来源：photophoto 网站）

4.3.3　色彩搭配

梵高说："没有不好的颜色，只有不好的搭配。"色彩搭配是指对不同的颜色进行配色调和，以凸显产品视觉效果的设计过程。基于自然的审美视觉，人们发现了一些色彩搭配的规律，有如相似原则、对比原则和比例原则等。

相似原则

相似原则是指选用同类色、邻近色或类似色进行色彩配色的规则，是应用最为广泛的配色方法。同类色是指同种色相中的不同颜色；邻近色是指色相环中60°范围内的不同颜色；类似色是指色相环中90°范围内的不同颜色。采用这种原则配色，可以形成和谐统一的视觉效果，但是视觉冲击比较逊色。

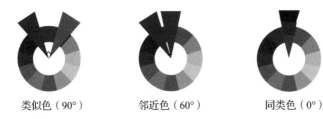

类似色（90°）　　　邻近色（60°）　　　同类色（0°）

图4-22　色相环中相似原则配色示意图

（图片来源：videostar 网站）

对比原则

对比原则是指选用对比色或互补色进行色彩配色的规则，是一种比较难搭配好的配色方法。对比色是指色相环中120°~240°范围内的不同颜色；互补色是指色相环中成180°角的不同颜色。此外，它还衍生了分裂互补配色、正三角形配色、四边矩形配色和正方形配色等方案。当然，它可以展现层次鲜明对比强烈的视觉效果，但是需要很深的功底才能调和成协调统一的效果。

互补色（180°）　　　对比色（120°）　　　中度色（90°）

图 4 - 23　色相环中对比原则配色示意图

（图片来源：videostar 网站）

比例原则

比例原则是指不同色彩之间的配色比例规则，典型的有 60∶30∶10 和
70∶25∶5。其中，大面积为基础配色，用作背景底色；中面积为主要配色，
用于主题内容；小面积为强调配色，用于点缀装饰。它们被誉为黄金比例
配色，可以给人带来美学的视觉效果，整体上看起来协调和谐，而局部又
可以凸显层次细节。

此外，色彩搭配还有冷暖对比、色彩禁忌等设计原则，它们共同组成
了色彩搭配的理性美学基础。显然，原则是基于经验的总结，有利于指导
设计。但是原则比较死板，多了也容易造成设计困惑，让人不知道该如何
取舍。因此，在产品实际配色过程中，设计师还应抓取其中的重点，充分
利用各种配色原则的优势，合理控制其原则的劣势，适用搭配美化产品外
在的视觉形象。

图 4 - 24　黄金比例配色在插花中的应用

（图片来源：fionasflowerstudio 网站）

第五章

商业之作

多旋翼飞行器设计
与应用延伸

"鸿沟理论"最早由杰弗里·摩尔提出，他认为非连续创新的高科技在市场应用过程中存在着多条或大或小的鸿沟，比较形象的说法有基础研究的"魔鬼之河"、应用研发的"死亡之谷"、产品开发的"达尔文海"。其中，"死亡之谷"特指基础技术研究与产品应用开发之间的沟壑。它是科技创新中最难跨越的鸿沟，最早由美国议员弗农·埃勒斯于1998年在国会科技创新报告中提出。此外，"死亡之谷"有时也泛指科技创新成果转化过程中存在的各种鸿沟。

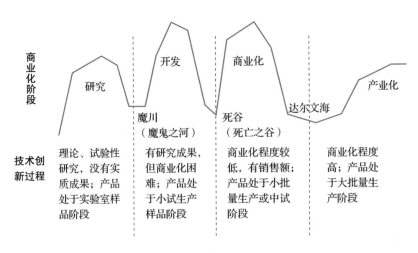

图5-1　"魔川-死谷-达尔文海"理论模型
（素材来源：吴寿仁著书）

在中国，"商业"一词被认为起源于战国时期，是指殷商人的一种以物易物的社会活动。在西方，"商业"译于英文单词"commerce"，原义为商品货物的买卖或交易。也就是说，不论是在中国，还是在西方，商业都具有货物和交易两层属性。现代看来，商业是指一种有组织的为客户提供所需物品或服务的行为。广义上，商业是指所有营利性的事业。狭义上，商业是指专门从事商品交易活动的营利性事业。总而言之，商业是一种以效益为导向的经济活动。

当前，科技与商业的融合发展是潮流趋势。以美国硅谷为例，它是科技与商业深度融合的典范，孵化了许多著名的世界级企业，如苹果、微软、谷歌等。科技，它追求的是创新，是开放自由的；商业，其追求的是价值，是效益导向的。表面上，它们俩互不相干，实际上，它们有共同的使命，即改善人们的生活。现实中，基于共同的使命，它们俩相互促进融合发展。比如，注入商业资本，可以驱动科技创新，而科技成果转化，反过来又能创造商业价值。

据统计，中国每年的科技成果转化率仅在 20% 左右，也即约 80% 的科技成果夭折在商业应用的前期。然而，以美欧为代表的发达国家，其转化率高达 60% ~ 80%。他山之石，可以攻玉。美国主要推行三种举措：①加强产学研合作，建立协同平台；②加大立法支持，保护科技成果；③搭建中介机构，设立转化中心。德国主要聚焦三个方面：①加强科技立法，实施宏观调控；②增加科技资助，促进成果转化；③建立技术园区，鼓励风险投资。

近年来，为了促进科技创新成果转化，我国政府出台了一系列政策。特别是前沿高新技术，我国基本采取"先放行再理解，若需要才管制"的原则。这么开放的政策，在世界上也算是潮流前列。正是基于这种开放包容的大环境，刺激孵化了许多知名的独角兽企业，如全球多旋翼无人机技术领导者——大疆创新。此外，对于一些可以产生商业价值的创新科技，地方政府除了减税降费外，还会给予一定的经费资助补贴，以促进其科技创新成果快速转化。

宏观上，中央与地方政府正积极推行创新鼓励政策，并强化落实创新工作举措，以协助科技创新成功跨越"死亡之谷"，实现改善生活的商业价值。那么微观上，作为科研工作者的我们，奋斗在科技创新的最前线，该如何致力于科技创新跨越"死亡之谷"呢？除了聚焦关键核心技术之外，或许我们还应拓宽视野，站在产品全生命周期的角度上，全景审视多旋翼产品发展历程，透视科技创新过程中存在的各种鸿沟，然后再做针对性的突破攻坚，以为其产品实现更好的商业价值。由于多旋翼产品是一类典型的航空高科技产品，在科技创新过程中，其关键的三个阶段为技术产品化、产品商业化和商品产业化。

5.1　技术产品化

技术产品化是一个将技术转化成产品的过程，旨在形成质量稳定、性能可靠和可复制性强的产品能力，最终完成创新技术向现实生产力的转变。在技术产品化过程中，其中必经的途径有技术工程化、技术规范化和研制程序化。

5.1.1　技术工程化

技术工程化是指为提高产品技术成熟度而对产品中各系统部件技术开展研究验证的活动。它是一个不断提高产品技术成熟度的过程，通常特指原理技术转化为工程样品的过程，主要体现在产品硬件技术和软件技术上。

硬件技术

硬件技术是指组成产品物理实体的零部件或元器件所含有的设计制造

等技术。以消费级多旋翼飞行器为例，其结构部件有螺旋桨、机身结构、起落架，而系统部件包括电动机、电池、飞控板、GPS 模块、IMU 模块、气压计等。其中，结构部件技术主要来自新材料或新工艺的应用创新，而系统部件技术主要体现在功能性能指标的改进提升。技术成熟度是衡量硬件技术创新发展的重要指标，更高等级指引着技术创新发展的方向。六级技术成熟度是一个临界点。当产品中所有硬件都达到六级以上，也即该产品硬件基本完成了技术工程化应用进程。

表 5-1　应用研究项目技术就绪水平量表

等级	特征描述	主要成果形式
第一级	发现新用途并形成思路性报告	报告
第二级	形成了特定目标的应用方案	方案
第三级	关键功能分析和实验结论成立	功能结论
第四级	在实验室环境中关键功能仿真结论成立	仿真结论
第五级	相关环境中关键功能能得到验证	性能结论
第六级	中试环境中初样性能指标满足要求	初样
第七级	中试环境中正样性能指标满足要求	正样
第八级	正样得到用户认可	用户鉴定结论
第九级	正样品、专有技术、专利技术被转让	专利、样品

数据来源：GB/T22900—2009

软件技术

软件技术是指产品物理平台上搭载的系统软件或应用软件所具有的功能性能特性。以工业级多旋翼飞行器为例，其系统软件主要为飞控系统，而应用软件有航拍测绘、农药喷洒、环境监测等。不同于硬件技术成熟度指标，评价软件工程各阶段的度量体系为软件质量特性，其量化指标有功能性、可靠性、易用性、效率、可维护性和可移植性。当产品中所有软件都通过质量评测后，即其功能性能指标都满足使用要求，这也标志着该产品软件可以进行工程化应用。

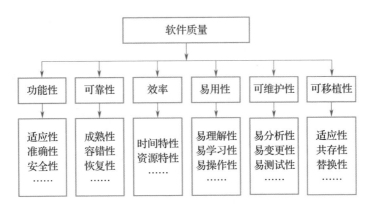

图5-2 软件质量模型六大特性

（素材来源: ISO/IEC 25010: 2011）

总的来说，产品软硬件技术是产品整机平台走向成熟应用的重要支撑。在物理逻辑上，虽然它们是相互独立的，但是在功能架构上，它们仍有可能融为一体，如多目相机硬件与航拍测绘软件协同一起完成高精度航拍测绘工作。技术工程化是产品实现工程化应用的必要途径。只有当产品中所有软硬件跨越了科技创新的"死亡之谷"，它们才有可能更好地应用于新产品的集成开发。

5.1.2 技术规范化

技术规范化是对产品研制过程中所使用的技术进行统一规范的活动。技术文件是一套独立于产品实体而存在的软技术，既取自于产品技术规范化的产物，又可用于保证产品的研制质量，常用的有设计规范和技术要求等。

设计规范

设计规范是指对产品设计过程的详细要求，是设计工作的规则。它是一套系统的、全面的设计技术文件，主要包括总体目标的技术描述、功能性能的技术描述以及约束条件的技术描述等。它是产品设计的顶层技术要求，既可作为产品设计的设计输入，也可用于指导设计人员的设计工作。

通常，一套完整的设计规范，分有总体、结构、系统等专业内容，由行业标准、设计手册、实用经验等提炼总结而成。一般来说，设计规范内容具有强制实施特性，这样可以有效保证产品设计的一致性。此外，它还可以降低设计技术的学习成本。

技术要求

技术要求是指对产品研制完成的指标要求，是产品技术的目标。它是一类专业的、详细的产品技术文件，主要包括产品功能、使用性能、接口关系、五性要求、环境要求等技术内容。它是产品研制的技术指标要求，既可作为产品设计的预期目标，也可用于验证产品研制的技术水平。通常，一套完整的技术要求文件，包含各个系统部件专业内容，由用户需求、技术现状、设计经验等有效论证而成。一般认为，技术指标要求是研制产品必须满足的最低要求。此外，它还可用于研制产品的过程管控，进而有效控制产品质量的稳定性。

图5-3 软件设计规范文件

（素材来源：mianfeiwendang 网站）

图5-4 硬件技术要求文件

（素材来源：mianfeiwendang 网站）

综合上述，产品设计规范和技术要求均是产品设计过程中必要的技术文件。当然，产品制造过程中的经验总结，有如机器设备的操作手册、生产工艺流程以及工艺技术参数等，也可以成为产品制造技术的规范化内容。这些技术文件是基于规则或重复工作的固化提炼，独立于特定的个人或固定的设备而存在，可以支持产品进行随时随地的复制生产。总而言之，当产品所有软技术都完成规范化后，也就意味着这类产品就具备了可成熟稳定大规模生产的条件。

5.1.3 研制程序化

研制程序化是对产品研制过程中各阶段工作进行统一划分而界定的活动，其目的是提高新研产品的研制效率。纵观目前多旋翼构型，既有大吨位载人多旋翼飞行器，也有微小型消费级多旋翼飞行器，其应用构型不尽相同，因此适用的研制程序还需进行适应性的开发，其中可参考的有飞机研制程序、手机开发流程等。

飞机研制程序

载人多旋翼飞行器与民用客机为近亲血缘，虽然隶属于不同的类别，但是都是载人航空器，研制需要满足适航要求，设计需要保证乘员安全。在一定程度上，它们血脉几近相通，其研制程序几乎可以互通适用。民用客机是当前市场应用较为广泛的一种交通工具，正在形成以空客、波音和商飞为代表的三足鼎立格局。以空客公司为例，其民用客机的研制程序详如下图所示。

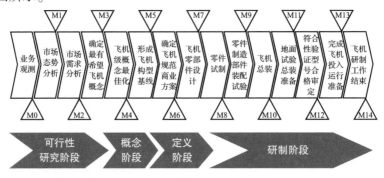

图5-5　空客飞机研制程序示意图

（素材来源：sohu 网站）

由上图可知，空客飞机的研制过程划分为可行性研究阶段、概念阶段、定义阶段和研制阶段，而每个阶段又划分为多个技术里程碑，总共14个。在可行性研究阶段，开展航空业务观察，进行市场态势分析和市场需求分析，确定最佳飞机概念设想。在概念阶段，深入细化飞机级概念，形成飞机构型基线。在定义阶段，编制飞机设计规范和商业化方案，完成飞机部件详细设计工作。在研制阶段，依次开展零件试制、零件制造、部件装配、飞机总装、地面试验和飞行试验等，完成符合性验证、型号合格审定、飞机投入运行等工作。

手机研发流程

微小型多旋翼飞行器与智能手机，它们虽然应用于不同的领域，但是都是集成类消费电子产品，直接面向个人消费者，对大众消费市场异常敏感。某种程度上来说，它们隔行不隔理，其研制程序仍可以相互借鉴使用。智能手机是当前市场上应用最为广泛的消费类电子产品，也是目前国内公司研制取得全球市场商业成功的典范。以华为公司为例，其智能手机研发流程大致如图所示。

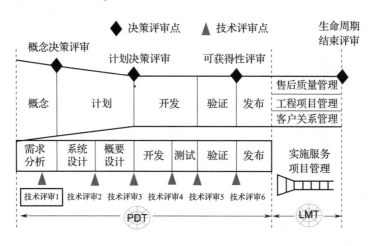

图5-6　华为智能手机研发流程

（素材来源：samhor 网站）

诚如上图所示，华为手机的研制过程包括需求分析、系统设计、概要设计、开发、测试、验证和发布七个阶段。在需求分析阶段，开展市场分析，形成立项论证报告。在系统设计阶段，开展专题分析，制定项目总体方案。在概要设计阶段，开展打样设计，形成初步设计方案。在开发与测试阶段，依次开展功能样机、原型机的开发与测试，形成产品开发测试报告。在验证阶段，依次开展产品中试、试产工作，通过可获得性评审。在发布阶段，对外公开发布新产品信息。

综合上述，飞机研制程序和手机研发流程都是根据各自产品特点而适用制定的。客机需经历试飞适航取证过程；而手机有中试小批试产阶段。诚然研制程序化有利于提高中大型企业产品研发效率，但是对于中小企业而言，特别是草创企业，可能会适得其反，让它们失去了小公司的灵活性和战斗力。总而言之，当产品研制走向程序化道路时，也就意味着这种流程可以支撑产品进行快速地更新换代，不断满足消费市场的需求，进而取得产品市场的商业成功。

5.2 产品商业化

产品商业化是一个将产品转变成商品的过程，旨在形成功能实用、价格低廉和经济效益好的商品能力，最终完成创新产品向社会经济效益的转变。在产品商业化过程中，其中最为关键的过程是做好产品定位和降低产品成本。

5.2.1 做好产品定位

产品定位是指为满足特定市场需求而对产品特征进行设计决策的过程。产品定位源于商业营销理论，最早由美国营销专家杰克·特劳特提出。它是一种将产品由产品端前移至市场端的定位设计理念。

在物质极度丰富的现代，一个创新的产品，如果没有定位或定位模糊，是很难赢得商品市场认可的。因此，有必要再次学习他的定位理论，研读营销核心内容：定位原则、定位方法和定位步骤。

定位原则

一般来说，产品定位必须遵循两大基本原则，即适应性原则和竞争性原则。

适应性原则包括两方面内容，一是产品定位要适应用户需求，二是产品定位要适应自身能力。

站在适应用户的角度上，首先应明确产品是否满足用户使用需求，其次应明确产品是否满足消费者购买需求。比如，消费级多旋翼飞行器满足用户的娱乐需求，定价设在几百元到上千元不等，适合大众消费的心理价位。

站在适应自身的角度上，首先必须确认团队的技术水平能否完成特定功能的开发，其次必须了解团队的整合能力，能否实现产品的上市销售。比如，某企业突破了农药喷洒技术，研发出农林植保多旋翼飞行器，组织团队在当地销售运营。

总之，适应用户需求是为了满足市场所需，设定合理价格促成交易；而适应自身能力是为了优化配置团队资源，使产品能够保质保量地到达终端市场。

竞争性原则，也称差异性原则，即在适应性原则的基础上，调研分析竞品市场规模、市场价位、主打功能、主要性能以及同行的总体实力与发展战略等情况，避开竞争对手的优势，或利用其优势中的可能存在的劣势，进行差异化竞争或错位竞争定位，确立自身产品的优势，以减少竞争带来的风险，促进产品的上市交易，赢得行业细分领域的市场。

曾几何时，多旋翼无人机风口吹起，各路英雄好汉高歌猛进，跑马拓荒圈地。如今风口平息，大势将去，诸侯割据，产品分化自然形成竞争差异。例如，大疆创新首开先河在消费级航拍领域独领风骚；亿航智能换道编队飞行领域尽享精彩风光；零度智控退守工业巡检领域怡然居家度日；极飞科技深耕植保领域最终也占有一席之地。

图5-7　不同公司多旋翼产品市场定位
（图片来源：各公司官网）

定位方法

杰克·特劳特提出了三大定位方法：抢先定位、关联定位和重新定位。

抢先定位是指企业发现消费者心智中有价值的位置无人占据，就领先一步全力以赴地去占据它，力争使其产品品牌占据消费者心智第一的位置。

历史经验表明，第一个进入消费者心智中的品牌一般很难被替代，所占据的长期市场份额通常是第二个品牌的2倍、第三个品牌的4倍，而且这个比例不会被轻易改变，比如大疆精灵。

在大多数情况下，抢先定位的企业是抢占某个大品类中的新品类或新特性。当然，抢先定位的前提是消费者有这种潜在的新品类或新特性需求。

关联定位是指企业发现某个有价值的首要位置已被别人占据，企业可以努力与消费者心智中的强势品牌或品类关联起来，借助强势品牌或品类在消费者心智中的高地，成为消费者心智中的第二选择。

关联定位是一种行之有效的方法，有如高频场景关联定位，累了困了（场景）喝东鹏特饮；超级符号关联定位，一样的古镇（符号）不一样的乌镇；强势对手关联定位，青花郎——中国两大酱香白酒之一（对手）。一般来说，关联强势产品并不会让自己成为新领导者，但可以较快地成为第二选择。

重新定位是指企业找到竞争对手并研究竞争对手的优势和弱点，利用强势竞争对手必定存在的与生俱来的弱点，对其进行全力攻击，并挤开竞争对手，从而建立自己的位置。奔驰汽车主打良好的乘坐体验，宝马汽车则从驾驶体验重新定位，形成了"开宝马坐奔驰"的说法。

一般而言，借助强势产品中的弱点定位前提是消费者心智中有明显的认知产品，认同原产品中存在的缺点，且非常关心新产品带来的利益。当然，重新定位的目标非常明确，抢占别人已经拥有的位置，后来直接成为新的领导者。

定位步骤

通常，产品定位分为五个步骤，依次是目标市场定位、产品需求定位、产品测试定位、差异化价值点定位和营销组合定位。

目标市场定位是一个市场细分与目标市场选择的过程，即明确为谁而服务。在买方市场日益分化的今天，任何一种产品的目标客户几乎不可能面向所有人。在选择目标客户过程中，首先需要确立市场细分的标准，其次对整个市场进行细分，接着对细分市场进行评估，最后选择确定目标市场。比如，在品牌手机市场中，OPPO、VIVO 手机分别定位于年轻人喜欢的拍照和音乐细分市场领域。

产品需求定位是企业调研分析用户需求的过程，即明确用户具有哪些真实的需求。对于某一种产品来说，不同的消费者有不同的价值诉求。在挖掘用户需求的过程中，首先需明确产品的目标用户，其次调研分析用户的抽象需要，接着将用户抽象需要转化为具象需求，最后评估确立用户的真实需求。比如，手机中通信功能是基本型需求，拍照功能是期望型需求，指纹识别是兴奋型需求，系统信息是无差异型需求，预装软件是反向型需求。

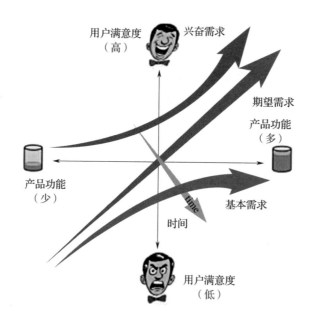

图 5-8　kano 需求模型示意图
（素材来源：cnwebe 网站）

产品测试定位是企业对产品特性测试的一个过程，即明确产品是否满足用户需求。对一款产品来说，不同的消费者有着不同的认知理解。在测试产品特性过程中，首先考察产品概念的可解释性和可传播性，其次调研同类产品的市场开发程度，再次分析产品特性与用户需求的关联关系，最后探究消费者的购买意向。通常，选择采用单一产品测试、配对比较测试、连续单一测试和重复配对测试等方法，最后获得产品的偏好程度。

差异化价值点定位是企业综合考虑产品内在、外在以及营销等特点，挖掘提炼差异化价值点的过程，即明确产品具有哪些差异化价值点。对于同一种产品来说，差异化的产品具有差异化的使用价值。垂直差异化可以研制出比竞争对手好的产品，水平差异化可以研制出与竞争对手不同功能或性能的产品。通常，适用采取研发策略、地理策略、促销策略和服务策略等，创造出产品的差异化价值点。

图 5-9　日用品洗发水差异化价值点定位

（图片来源：woshipm 网站）

营销组合定位是企业综合考虑产品、价格、渠道、促销等因素，选择最佳的营销组合过程，即明确产品如何在市场上满足用户需求。随着社会制造生产力的提高，任何一种新产品畅销后，市场上短期内都会涌现大量的"山寨"产品。这几乎是一个不可避免的爆款产品现象，然而如果企业形成了自己的营销组合，那么竞争对手是很难通过模仿来实现超越的，因为营销组合定位有很强的先发优势。

5.2.2　降低产品成本

产品成本是指企业为产品上市销售而发生的各种耗费，包括研发、设计、生产、销售和服务等。产品成本是产品使用价值的重要组成，也是产品上市定价的重要依据。

低价是产品竞争力的最有效手段，它从市场端反向传导至产品端，迫使产品不断地往更低的成本方向发展。在创新产品商品化过程中，生产成本是产品成本管理中重要的工作内容，包括直接材料、直接人工和制造费用。

直接材料

直接材料是指直接用于产品生产，如形成产品主要部分的原材料、构成产品实体的零部件等。它是产品生产成本的重要组成部分，一般其权重占比较大，特别是制造类企业，其成本约占总成本的 50%~80%。某种

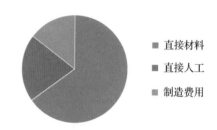

图 5-10　某制造型企业生产成本结构示意图
（素材来源：cninfo 网站）

程度上，这也说明降低生产成本的关键是控制材料成本。

从财务管理角度看，降低材料成本的方案有：①降低材料采购单价，定额购料，定额消耗；②降低材料运输成本，就近购料，组织运输；③降低材料资金成本，计划生产，合理库存。此外，材料成本还包括过程控制，降低材料消耗用量，减少材料报废损失，合理利用边角废料等。

直接人工

直接人工是指生产过程中所直接耗用的人工成本，主要为职工工资和职工福利费。它是产品生产成本的变动组成部分，产量越大其成本也越大，一般占比约 10%~30%，当然也有高新技术企业占比 50%~60%。人类劳动是创造产品价值的源泉，因此有效控制人工成本具有十分重要的意义。

从人工管理角度看，控制人工成本的方案有：①提高劳动生产效率，教育培训，人员激励；②优化人力资源配置，人尽其才，才尽其用；③弹

性管理劳务用工，薪资弹性，时间弹性。此外，人工成本控制还有科技赋能手段，智能替代机械操作，减少低端劳动数量，提升高端劳动价值。

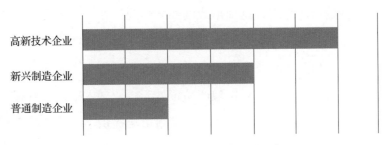

图 5-11　不同类型企业人工成本对比示意图
（素材来源：cninfo 网站）

制造费用

制造费用是指生产过程中除直接材料和直接人工之外的各项费用，包括生产部门水电费、管理人员薪酬、固定资产折旧、无形资产摊销、劳动保护费等。它也是组成产品生产成本的一部分，一般占比约 10% ~ 30%。在技术密集型企业中，制造费用有逐年上升的趋势，减少制造费用也能大幅提高效益。

从成本管理角度看，减少制造费用的方案有：①缩短生产线长度，降低固定消耗；②减少机器停工时间，提高设备利用效率；③制定各项费用开支标准，强抓落实对比差异。此外，制造费用控制还包括固定资产管理，提高技术管理水平，可以减少维护保养费用。

5.3　商品产业化

商品产业化是一个将商品打造成产业的过程，旨在形成社会分工明确和经济规模可观的产业，最终实现科技产品社会经济效益的最大化。在商品产业化过程中，常见的发展手段有丰富产品系列、做大经济规模和促进产业融合。

5.3.1 丰富产品系列

产品系列是指产品组合排列形成的整体情况。在一定程度上，它可以用于表征产品产业的发展状态。当其产品线较少时，表明这类产品正处于产业导入期；而当其产品线丰富时，说明这种产品进入了产业成熟期。

目前看来，大部分多旋翼构型产品正处于行业导入期，具有很大的产业扩张潜力。丰富产品系列，即在产品端给市场提供丰富的产品系列，是一种以量变引起质变的产品市场渗透策略，主要表现在同一品类和不同品类中。

同一品类

据权威机构预测，2021 年我国消费级无人机生产规模将超过 300 亿元，而工业级无人机市场规模将达到 296 亿元。明显，当前消费级和工业级无人机已经拉开了多旋翼飞行器产业发展的大幕。由于消费级与工业级具有不同的消费属性，消费类产品面向个人消费者，更注重形式功能，而工业类产品面向企事业单位，更注重功能性能。因此，想要顺势做大这两类产品规模，还需根据它们各自适用的特点再进行相应的开发。

针对消费级多旋翼飞行器而言，诚然有部分企业已经脱颖而出，头部优势非常明显，但是在一个增量的市场中，竞争企业仍有很大的进场机会。在这个大品类中，它们还有新的细分市场可以开辟，比如入门级、进阶级和专业级的细分市场，抑或廉价、折叠、便携、耐摔、安全等细分市场。此外，头部企业还可以在形式功能上寻找新的增长点，比如产品造型、外观颜色、航拍功能、续航时间和自主避障等，以迭代创新的方式丰富同一品类中的产品系列。

针对工业级多旋翼飞行器而言，在巡检、植保等领域中，已有部分企业完成了深耕细作。虽然新技术都带有很强的专业领域特色，但是技术无界，成熟技术还可以向更多领域辐射。比如，巡检多旋翼飞行器除了能够检修电力电线外，还可以拓展至油气管道；植保多旋翼飞行器除了能够防护山地作物外，还可以应用于山林树木的保护。当然，在这些相近领域中，它们还需做一些功能性能上的适用调整，比如巡检多旋翼飞行器更追求续航时间，而植保多旋翼飞行器更在乎载重大小。

图5-12　工业级巡检多旋翼飞行器的应用品类扩展

（图片来源：零度智控官网）

综合对比来看，在消费类市场，多旋翼产品开发主要体现在形式细节上，而在工业类场景中，多旋翼产品应用主要体现在任务功能上。在同一品类中，丰富产品系列是一种产品饱和的营销策略，从产品上创造出多种市场需求的可能，给用户提供更多的选择空间。必须承认，这种方式并不能让每一款产品都取得成功，但是在市场上它极有可能创造出爆款。一旦刺激成功，便可形成市场热点，进而创造出巨大的经济产值。

不同品类

随着多旋翼产品的不断创新和孵化，现已发展形成了多种不同的品类。按平台类型，可分为有人机和无人机；按应用领域，可分为军用型和民用型；按消费属性，可分为消费级和工业级；按重量级别，可分为微型、小型和中型；按行业应用，可分为航拍、植保、巡检、安防和物流等。

此外，按创新构型，还可以分为系留式、复合式和跨界式等。表面上，它们已经形成了丰富的产品种类。实际上，它们中大部分并未真正地形成很大的经济规模。究其原因，在笔者看来，主要是创新技术的应用壁垒。

多旋翼构型技术，虽然目前发展已相当成熟，成功应用于航拍摄影、编队飞行等领域，但是这些核心技术仅掌握在少数几家公司手中。即便有企业在应用端能提出较好的市场应用解决方案，在技术上看起来也切实可行，但是它们必须形成一体化技术方案，才可以成功地进入应用市场，进而创造出经济产值。

隔行如隔山，让应用端企业重新再去掌握多旋翼飞行器飞控技术，显然这是一件非常耗时费力的事情。也正是因为这种技术壁垒，使得多旋翼构型的应用发展一直趋缓，多有"雷声大、雨点小"的现象，表面上看似品类丰富，实际上"名不副实"。显然，在当前产品构型发展之际，降低行业之间的技术壁垒，做实这些品类应用是形成产业规模的有效途径。

毋庸置疑，技术专利是鼓励个人或企业发明创造的有效手段。但是在一定程度上，它也会造成行业间的技术壁垒，阻碍新兴科技的产业化进程。为了平衡这种专利技术壁垒的影响，目前较为成熟的做法是技术交叉许可。这是一种双赢的方案，既可以保护专利技术授权范围，也可以共享技术协同创新成果，加快新技术应用的产业化进程。

例如，多旋翼飞行器应用端企业受让平台型企业飞控技术，并与其共享市场端的开发成果，这可以显著加快多旋翼产品行业应用的落地实施。此外，现在也有些平台型企业开放飞控、云台等组件，这种手段大幅降低了行业应用的准入门槛，使得创新企业只需购买组装调试相关组件就可以投入市场应用。

不可否认，多旋翼构型产品的应用还受到国家和地方政府的航空政策影响。目前，已有一些省市开始试点开放低空空域，其中走在改革前列的有四川省和湖南省。据悉，广州、深圳等城市也将陆续开放 600m 以下低空空域。显然，这为多旋翼构型产品的品类丰富提供了一个良好的发展契机。此外，多旋翼构型产品还可以通过设计大赛、创业大赛、竞技比赛等形式来获得更多的增量产品类型，以为后续多旋翼飞行器的品类扩充提供源源不断的素材。

5.3.2　做大经济规模

经济规模是指一类产业的经营规模或产出规模，常用生产总值或产出量表征。经济学认为，当经济规模发展到一定程度时，通常会形成规模经济效应，大幅降低平均生产成本，整体提高社会经济效益。

企业是产品创新、生产经营的主体；市场是产品交易、流通使用的场所。在商品产业化进程中，协同促进某一商品形成产业经济规模，进行动态发展的要素有企业规模和市场规模。

企业规模

企业规模是指劳动力、生产资料和工业产品在企业内集中的程度，通常以职工人数、营业收入或资产总额这三个指标来度量。依据国家最新标准，工业企业划分为大型、中型、小型和微型共四类。其中，大型企业，从业人员≥1000人，营业收入≥40000万元，其他分类详如下表。据研究发现，企业规模大小与技术创新、经济效益等因素密切相关。

表5-2　统计上大中小微型工业企业划分标准

行业名称	指标名称	大型	中型	小型	微型
工业	从业人员/人	$X \geq 1000$	$300 \leq X < 1000$	$20 \leq X < 300$	$X < 20$
	营业收入/万元	$Y \geq 40000$	$2000 \leq Y < 40000$	$300 \leq Y < 2000$	$Y < 300$

数据来源：国家统计局官网

许多实证研究表明，在高新技术产业中，技术创新与企业规模呈明显的倒U形关系，存在规模阈值和临界规模两个"临界点"。即在规模阈值之前，企业规模对技术创新的影响不是很明显；而在规模阈值之后，随着企业规模的不断增大，其技术创新产出大幅增加，在临界规模处达到顶峰；此后企业规模对技术创新的影响呈负相关性，随着企业规模的继续扩大，反而对技术创新的绩效形成一定的抑制作用。

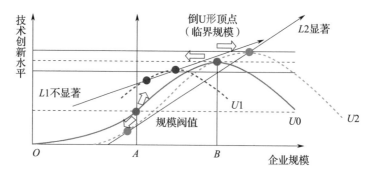

图5-13　企业规模与技术创新的倒 U 形关系
（图片来源：高良谋，李宇论文）

　　企业经济效益是指企业的生产总值与生产成本之间的比例关系。微观经济学认为，企业经济效益与企业生产规模呈 U 形变化关系，存在最佳企业规模。在企业生产规模较少时，其产品的平均生产成本较高；而随着企业规模的不断扩大，其长期平均成本逐步降低，在最低处达到最佳企业规模，企业产生的经济效益最大；而后企业生产规模如果继续增大，其长期平均成本不降反升，形成典型的规模不经济效应。

　　综合上述，由小逐步做大高新技术企业规模，有利于产生更多的技术创新，也有利于创造出更多的经济效益，而扩张到一定程度后，反而产生更多反作用。当且仅当企业规模扩张到适当体量时，即为企业临界规模，其技术创新和经济效益到达拐点，此时产生的技术创新绩效和企业经济效益最大。

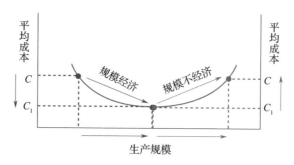

图5-14　企业生产规模与生产成本的倒 U 形关系
（素材来源：规模图书）

市场规模

市场规模是指市场在一定时期内能够吸纳某类产品的数量，主要用于研究目标产品或行业的预期概况。然而，对于多旋翼产品而言，其能为社会创造多少价值，这还要看它能够形成多大的市场规模。诚然市场规模预测能有效发现潜在市场机会，但是对于新兴科技产品来说，其市场需求机会关键还是要看如何创造。伊利总裁张剑秋曾提出"创新进化论"，对接不同层次的市场需求。

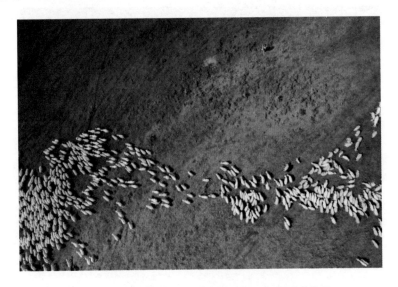

图5-15　航拍多旋翼飞行器以上帝视角航拍草原奔放的羊群

（图片来源：hypebeast 网站）

通过创新解决问题，满足需求。虽然最初的多旋翼飞行器只是人类自我实现的一种情怀追求，但是近年来它在社会各领域中得到广泛的应用，其主要原因是在一定程度上解决了现实生活中的一些问题。比如，航拍多旋翼飞行器能够以上帝视角拍摄地球上的生灵万物；巡检多旋翼飞行器能够替代人类高空行走检查高压电线；植保多旋翼飞行器能够解放人的手脚大幅降低劳作负荷；安防多旋翼飞行器可以广域覆盖实时监控指定区域概况；编队多旋翼飞行器可以点缀漆黑夜空创造浪漫的灯光色彩。

通过创新发现问题，找到需求。近年来，受益于科技的发展进步，多旋翼产品的应用渗透了生活的方方面面，但是在使用过程中人们也发现了一些新问题，从而对多旋翼飞行器提出了更具体的市场需求。比如，为避免使用中出现炸机、误伤等事件，衍生了耐摔、桨叶防护、自主避障等功能系列产品；为提高消费类产品使用的便捷性或娱乐性，衍生了折叠、口袋、一键航拍等功能系列产品；为增强工业类产品使用的平台性能，衍生了主打续航、载重等性能系列产品。

图 5-16　多旋翼抗摔抗撞和口袋无人机

（图片来源：taobao 网站）

通过创新预见问题，创造需求。随着多旋翼构型技术的不断发展与成熟，人们越来越希望它成为载人平台，可以在城市低空中来回穿梭飞行，以缓解日益拥堵的城市交通现状。比如，空客公司的 CityAirbus 验证机，已经完成了多个科目的验证试飞；亿航公司的 EH216 型号，已经取得了多地民航组织的特许飞行运营许可。此外，Volocopter 公司、Bell 公司、小鹏汇天等也提出了多款概念机型，以尝试涉足城市低空飞行领域。

总体看来，不论是消费类多旋翼飞行器，还是工业类多旋翼飞行器，抑或是载人类多旋翼飞行器，其切实的市场规模都紧紧围绕满足需求、找到需求和创造需求而展开。显然，当前以问题为导向的产品策略，是做大多旋翼飞行器市场规模的有效途径。值得一提的是，载人多旋翼飞行器类似于陆地汽车，产品集成度高、涉及产业链广、带动效应强。如果能把这种应用场景做实做大，其产生的市场规模效应将大幅拉动整个航空产业链，创造出不可想象的社会经济效益。

图 5-17　载人多旋翼机 CityAirbus 和 EH216

（图片来源：各公司官网）

5.3.3　促进产业融合

产业融合是指在不同产业之间进行相互渗透、相互交叉，最终融为一体形成新产业的动态发展过程。中观经济学认为，产业融合是提高产业生产率和竞争力的一种发展模式。

在这方面，美国一直以来都是遥遥领先，是全球高新技术产业融合的典范，具体主要体现在科技与金融、科技与文化上。毫不例外，对于当前多旋翼飞行器技术产业而言，硅谷模式仍然适用。

科技与金融

众所周知，科技是第一生产力，金融是第一驱动力。近年来，科技与金融融合发展是高新技术产业的主流趋势。不可否认，科技创新是创造新经济增长点的关键力量，但是作为一名科研工作人员，我们也必须清醒地认识，金融资本在科技行业背后的润滑和助推作用。以某成功上市的科技公司为例，其大致需经历种子轮、天使轮、ABC 轮、私募股权、首次公开募股等融资过程。

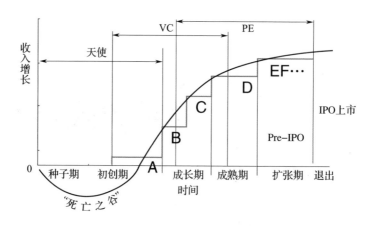

图 5-18　创业公司融资轮次示意图

（素材来源：zhihu 网站）

种子轮，即种子融资，是企业最早期的融资方式。在这个阶段中，公司有 1~2 名创始人，拥有一个好的概念或想法，但是并未形成具体的产品，需要一笔初始资金投入，以启动该项目计划实施。在该过程中，企业融资是比较困难的，一般通过自筹或向亲友筹借等方式，融资金额通常在 10 万~100 万元不等。在种子期，企业估值一般不会超过 1500 万元人民币。

天使轮，即天使融资，是企业前期的一种融资方式。在这个阶段中，公司团队有 3~5 人，产品已经做出初样，具有一定的商业前景，需要一笔充足的资金，以成功地孵化该产品项目。在该过程中，企业一般向天使投资人、天使投资机构融资，融资金额量级在 100 万~1000 万元之间。在天使期，企业估值在 1500 万~3000 万元人民币左右。

ABC 轮，又称 A 轮、B 轮、C 轮融资，依次发生在企业从初创期到成长期的整个过程。A 轮中，企业产品已经成熟，具有完整的商业模式，需要融资扩大规模，金额一般在 1000 万~10000 万元；B 轮中，企业已经形成规模，产品已占一定份额，需要融资扩大业务域，融资量级 2 亿元左右；C 轮中，企业已经非常成熟，部分项目开始盈利，需要融资补全商业闭环，融资量级在 10 亿元左右。

　　私募股权融资，贯穿企业成长期、成熟期和扩张期三个过程，是一种非上市企业的权益性融资。在该阶段中，非上市企业通过股权转让的方式向私募基金融资。当然，私募基金通常也会帮助企业梳理治理结构、盈利模式、募集项目等，以方便后续能够成功上市。在协议交易实施过程中，私募基金一般会明确其股权的退出机制，即通过上市、并购或管理层回购等方式，出售原来持有股份以获取投资收益。

　　首次公开募股，是指企业通过证券交易所向投资者首次公开发行股票，以募集企业发展所需资金的过程。以国内上市科创板为例，企业应具备以下五条基本条件，即：①符合证监会规定的发行条件；②发行后股本总额不低于人民币 3000 万元；③公开发行的股份达到公司股份总数的 25% 以上，或公司股本总额超过人民币 4 亿元的，公开发行比例 10% 以上；④市值及财务指标符合本规则规定的标准；⑤上交所规定的其他上市条件。

　　综合上述，企业股权融资具有资金成本低、财务风险小等优点，是高新科技产业化的有力助推器。现实中，各种不同的股权融资方案都是高新技术企业创新发展的具体实践。此外，债权融资作为一种传统的金融解决方案，仍然也是一个不错的备选。总的来说，不论是股权融资，还是债权融资，它们都可以有效地服务于高新科技企业，以促进其不断地发展与壮大。

科技与文化

　　纵观全球发展，科技是硬实力，文化是软实力。随着物质生活水平的不断提高，精神文化需要越来越成为人们的热切向往，使得创新科技与文化产业的融合成为潮流发展趋势。毫无疑问，科技创新能给社会生活带来巨大的改变，但是我们也必须清楚地知道，只有当它们嵌入在文化生活中，其价值才有可能被持续地发现与创造，其影响才有可能深远流长。

　　早在 100 多年前，欧洲人发明了汽车，他们深知汽车工业是周期性行业。为了降低周期行业的影响，他们策划了汽车竞技比赛方案。至今，赛车文化仍是许多年轻人痴迷的对象，这种解决方案吸引了年轻人的广泛参与，大幅刺激了汽车工业的发展，加速了汽车技术的不断迭代。它既营销推广了汽车产品，又形成了体育竞技文化，嵌入在人们社会生活中，变成了基业长青的事业。

诚然，当前各国对文化产业的分类定义不尽相同，但是无一例外的，它们都包含新闻传播、影视传媒、文艺演出、体育竞技和动漫游戏等方面内容，其中电影类、演出类和游戏类文化内容更是深受年轻人的喜爱。这些文化内容青春激荡，辐射力强，在整个文化产业中扮演着头部经济产出的角色，其影响渗透涉及现实生活的方方面面，更是遍及世界的各个角落。

图5-19　F1方程式赛车海报
（图片来源：bing网站）

电影是一种视听艺术，集成文学、戏剧、舞蹈、音乐、摄影等艺术表现形式，其与科技的融合主要体现在内容创作和制作

图5-20　流浪地球电影中多旋翼无人机
（图片来源：《流浪地球》）

上。一直以来，科技内容都是电影创作的热门题材。这类电影受众广泛，商业基础好，比较容易取得成功，比如《流浪地球》《星际穿越》等。此外，科技还可作为电影制作的辅助工具，或为取景拍摄的摄像设备，或为特效制作的底层道具。

演出是指文艺表演活动，通过舞美、灯光、音响等艺术形式创造视听效果的过程。随着科技的不断发展与应用，灯光、音响对演出的渲染效果越来越明显。比如，城市灯光秀通过控制 LED 屏幕显示，滚动播放各类风景图案，在声乐伴奏的搭配下，制造一场别开生面的视听盛宴。此外，科技本身还可作为演出的道具，比如自带灯光的无人机，比如携带喇叭的多旋翼飞行器。

　　游戏是一种高阶文化，它是人们摆脱无聊的一种生活方式。随着互联网技术的发展，游戏越来越成为人们生活中的一部分。科技是虚拟游戏底层模型的基础，它既可以让场景触发更加自然，也可以让游戏体验更加流畅。此外，科技还可作为游戏内容的主要元素，嵌入在场景中，让游戏充满硬核科技。

　　总体看来，不论是电影类文化，还是演出类文化，抑或是游戏类文化，科技都是其内容产业的重要组成部分。一方面，科技是文化产业的主题内容；另一方面，科技也是促进文化产业升级的重要工具。

参 考 文 献

[1] 中共中央著作编译局. 马克思恩格斯选集 [M]. 北京：人民出版社，2012.

[2] 何传启. 第六次科技革命的战略机遇 [M]. 北京：科学出版社，2011.

[3] 马斯洛. 动机与人格 [M]. 许金声，等译. 北京：华夏出版社，1987.

[4] 麦克卢汉. 理解媒介：论人的延伸 [M]. 何道宽，译. 南京：译林出版社，2019.

[5] 张扬军，钱煜平. 飞行汽车的研究发展与关键技术 [J]. 汽车安全与节能学报，2020，11（1）：001 – 016.

[6] 李妍，范筱，等. 面向未来的陆海空天融合通信网络架构 [J]. 移动通信，2020，44（6）：104.

[7] 潘丽. 站在巨人的肩膀上——记国防科技大学教授谭暑生和他创立的"标准时空论" [J]. 科学时报，2011，03，14.

[8] 钮卫星. 天文学史——一部人类认识宇宙和自身的历史 [M]. 上海：上海交通大学出版社，2011.

[9] 牛顿. 自然哲学的数学原理 [M]. 赵振江，译. 上海：商务印书馆，2019.

[10] 王适存. 直升机空气动力学 [M]. 南京：南京航空学院，1981.

[11] 钱兆华. 科学哲学新论关于科学的理性思考 [M]. 镇江：江苏大学出版社，2011.

[12] 邓小平. 邓小平文选 [M]. 北京：人民出版社，1993.

[13] 熊彼特. 经济发展理论 [M]. 何畏，等译. 上海：商务印书馆，2000.

[14] 全权. 多旋翼飞行器设计与控制 [M]. 北京：电子工业出版社，2018.2.

[15] 雷瑶，等. 小型多旋翼飞行器悬停效率分析 [J]. 兵工学报，2019，40（6）：1323 – 1328.

[16] 张呈林，郭才根. 直升机总体设计 [M]. 北京：国防工业出版社，2007，9.

[17] 牛春匀. 实用飞机结构工程设计 [M]. 程小全，译. 北京：航空工业出版社，2008.

[18] 牛春匀. 实用飞机结构应力分析及尺寸设计 [M]. 冯振宇，译. 北京：航空工业出版社，2009.

[19] 朱利恩，等. 锂电池科学与技术 [M]. 刘兴江，等译. 北京：化学工业出版社，2018.

[20] UMANS 等. 电机学：原书第7版 [M]. 刘新正，苏少平，高琳，译. 北京：电子工业出版社，2014.

[21] 谢志明. 无人机电机与电调技术 [M]. 西安：西北工业大学出版社，2020.

[22] 李擎. 智能机器人控制系统设计教程－多旋翼无人机系统 [M]. 北京：科学出版社，2020.

[23] 杨成顺. 多旋翼飞行器建模与飞行控制技术研究 [D]. 南京：南京航空航天大学，2013.

[24] 历小伟. 四旋翼飞行器飞行控制与实现 [D]. 成都：西南科技大学，2014.

[25] 王智敏. 四旋翼飞行器设计与控制方法研究 [D]. 西安：西安理工大学，2016.

[26] 陈平辉. 小型多旋翼无人机飞行控制器的研制 [D]. 贵阳：贵州大学，2012.

[27] 王莹. 四旋翼无人机自主飞行器研制 [D]. 哈尔滨：黑龙江大学，2015.

[28] 崔道旺，柳向斌. 四旋翼飞行器全控制算法研究 [J]. 控制工程，2019，24 （10）：2038－2044.

[29] 王成，等. 四旋翼无人机飞行控制算法综述 [J]. 电光与控制，2018，25 （2）：53－58.

[30] 张相轮. 爱因斯坦的人文精神与科学创造 [J]. 南京理工大学学报，2009，18 （3）：83－86.

[31] 许苏民. 人文精神论 [M]. 武汉：湖北人民出版社，2011.

[32] 蒋廷黻. 中国近代史 [M]. 上海：上海世纪出版集团，2006.

[33] GARRETT. 用户体验要素——以用户为中心的产品设计 [M]. 范晓燕，译. 北京：机械工业出版社，2011.

[34] 蔡赟，等. 用户体验设计指南：从方法论到产品设计实践 [M]. 北京：电子工业出版社，2019.

[35] 刘宝善，等. 航空人体测量学 [M]. 北京：北京航空航天大学出版社，2014.

[36] 朱大年. 生理学 [M]. 北京：人民卫生出版社，2008.

[37] 艾森克，等. 认知心理学 [M]. 上海：华东师范大学出版社，2009.

[38] 贡布里希. 艺术的故事 [M]. 范景中，等译. 南宁：广西美术出版社，2008.

[39] 瑞迪. 运动改造大脑 [M]. 浦溶，译. 杭州：浙江人民出版社，2013.

[40] 王永平. 游戏、竞技与娱乐——中古社会生活透视 [M]. 上海：中华书局，2010.

[41] 李小平，等. 国际贸易、R&D 溢出和生产率增长 [J]. 经济研究，2006，41 （2）31：43.

[42] 杜普伊. 武器和战争的演变 [M]. 严瑞池，等译. 北京：军事科学出版社，1985.

[43] 美国国际系统工程协会. 系统工程手册：系统生命周期流程和活动指南 [M]. 北京：机械工业出版社，2017.

[44] 丁玉兰. 人机工程学 [M]. 北京：北京理工大学出版社，2011.

[45] 阮宝湘，等. 工业设计人机工程 [M]. 北京：机械工业出版社，2017.

[46] JARRETT. 座舱工程 [M]. 孔渊，等译. 北京：航空工业出版社，2015.

[47] 颜声远，等. 人机工程与产品设计 [M]. 哈尔滨：哈尔滨工业大学出版社，2017.

[48] 李新. 艺术的概念及其本质——关于艺术概念史的一个经验性说明 [J]. 艺术学理论研究，2020，(2) 37：46.

[49] 余妍佳. 艺术与科学的关联性研究 [J]. 艺术鉴赏，2020，30 (5)，24.

[50] 普里斯. 交互设计——超越人机交互 [M]. 刘伟，译. 北京：机械工业出版社，2020.

[51] 李世国. 体验与挑战：产品交互设计 [M]. 南京：江苏美术出版社，2008.

[52] 摩尔. 跨越鸿沟 [M]. 赵娅，译. 北京：机械工业出版社，2009.

[53] 刘星，安琳，等. 如何跨越 5G 应用的"死亡之谷" [J]. 今商圈，2019 (7)：18 – 19.

[54] 吴寿仁. 创新知识基础 [M]. 上海：上海社会科学院出版社，2011.

[55] 张新斌. 由中原大商文化论商丘与商业起源 [J]. 殷都学刊，2009，30 (3)：54 – 60.

[56] 卓泽林，赵中建. "概念证明中心"：美国研究型大学促进科研成果转化的新组织模式 [J]. 复旦教育论坛，2015，13 (4)：100 – 106.

[57] 周华东. 德国科技成果转化的经验及其对我国的启示 [J]. 科技中国，2018，12：22 – 26.

[58] 中国国家标准化管理委员会. 科学技术研究项目评价通则：GB/T22900 – 2009 [S]. 北京：中国标准出版社，2009.

[59] 特劳特，里斯. 定位 [M]. 谢伟山，等译. 北京：机械工业出版社，2011.

[60] 江南春. 抢占心智 [M]. 北京：中信出版社，2018.

[61] 高良谋，李宇. 企业规模与技术创新倒 U 关系的形成机制与动态拓展 [J]. 管理世界，2009 (8)：113 – 123.

[62] 桂曙光，陈昊阳. 股权融资：创业与风险投资 [M]. 北京：机械工业出版社，2019.

[63] 布拉德·菲尔德. 风险投资交易 [M]. 桂曙光，译. 北京：机械工业出版社，2020.

[64] 李亚. 私募股权基金：投资对赌条款及司法案例考察 [M]. 北京：法律出版社，2020.

[65] 张兰田，孙维平. 企业上市审核标准实证解析 [M]. 北京：北京大学出版社，2019.